机械设计基础实验指导书

史维玉　张海峰　编著

西安电子科技大学出版社

内容简介

本书是根据高等教育机械设计基础课程对实验教学的基本要求而编写的。全书共14个实验，包括6个基础实验、5个要求进行分析的实验、1个综合实验和2个创新设计实验。各实验分别介绍了实验目的与要求、设备及其工作原理、实验原理、实验步骤等，以及实验报告的要求。

本书为高等院校机械设计基础课程的实验教材，也可作为高等职业技术学院、成人教育等机械类专业的实验用书。

图书在版编目(CIP)数据

机械设计基础实验指导书/史维玉，张海峰编著. —西安：西安电子科技大学出版社，2016.10
ISBN 978-7-5606-4321-2

Ⅰ.①机… Ⅱ.①史… ②张… Ⅲ.①机械设计—实验—高等学校—教学参考资料
Ⅳ.①TH122-33

中国版本图书馆CIP数据核字(2016)第238645号

策　　划　陈　婷
责任编辑　马武装
出版发行　西安电子科技大学出版社(西安市太白南路2号)
电　　话　(029)88242885　88201467　　邮　　编　710071
网　　址　www.xduph.com　　电子邮箱　xdupfxb001@163.com
经　　销　新华书店
印刷单位　虎彩印艺股份有限公司
版　　次　2016年10月第1版　2016年10月第1次印刷
开　　本　787毫米×1092毫米　1/16　印　张　11.25
字　　数　265千字
印　　数　1～1000册
定　　价　20.00元
ISBN 978-7-5606-4321-2/TH

XDUP 4613001-1

前　言

本书是为适应教学改革与高新人才培养的需要，在机械基础系列课程教学改革的基础上，针对实验教学体系的新要求而编写的。书中不仅改进了常规的基础实验，还增设了创新性与综合性新实验项目，为学生提供自由设计的舞台。

本书主要介绍了机械原理和机械设计课程大纲规定的基本实验项目，如典型机构传动原理认知实验、机构运动简图测绘与分析实验、机械运动参数测定与分析实验、渐开线齿轮范成原理实验、渐开线直齿圆柱齿轮参数测量与分析实验、刚性转子动平衡实验、典型机械机构与零件的认知实验、螺栓组及单螺栓连接综合实验、带传动特性测试与分析实验、液体动压轴承实验、减速器拆装及轴系结构分析实验；还增加了平面运动机构变异与创新实验、组合式轴承装置设计及轴系结构分析实验、机械传动性能综合实验等设计性和综合性实验项目。我们的目标是：在实验教学中培养学生的测试技能、创新意识和创新能力，力求提高学生独立思考问题、分析问题和解决问题的能力，使学生通过实验获得实际操作的基本技能和对实验结果进行分析的能力。本书中的各个实验项目都是相对独立、结构完整的项目，读者可根据需要选择合适的实验项目进行实验。

本书所介绍的实验是机械原理、机械设计、机械设计基础等课程教学环节中必修的实践环节，突出阐述了相关课程的基本实验目的、内容、原理、方法、过程、操作与分析等，力求进一步加强培养、锻炼学生的实际动手能力，力求使学生能分析、归纳实验结果，编写出完整的实验报告，为学习后续课程和毕业后从事工程技术和科学研究工作打下基础，进而全面提高学生的创新能力和综合素质。

本书适合作为高等院校机械类、近机类及其他专业机械原理、机械设计、机械设计基础等课程的实验教材，也可供相关专业工程技术人员参考。

编　者

2016年6月

前　言

目　　录

第一章 绪 论

第一节 实验教学在教学中的地位与作用

高等教育以培养“厚基础、宽口径、强能力、高素质”的具有创新精神和创新能力的创新人才为宗旨，以适应时代需要为目标。21世纪，我国已将对人才的培养目标确定为培养复合型建设人才，高校仅作为专业人才培养的机构已属于历史，取而代之的是对德、才、能综合素质人才的培养。实验教学恰恰是培养学生实际动手能力的最好课堂，在这个课堂上，不仅能使学生更好地消化、理解理论知识，更重要的是可通过实验与实践激发学生探索新知识的兴趣和欲望。一个合格的建设人才，不仅要有扎实的理论知识，更要有很强的综合能力。高校对学生能力的培养，主要是通过理论教学与实践教学相结合的教学方式进行的。

实验教学作为高校教学工作的重要组成部分，在培养学生综合能力、正确的思维方法及严谨的工作作风等方面起着举足轻重的作用，也是培养创新人才的重要途径。实验教学主要是让学生自己动手进行实验，学生通过实验牢固地确立实验先于理论，理论源于实验的科学世界观，不仅从理论课上接受知识，还要通过实验去学习知识，在实践中运用知识，才能真正掌握好所学知识，最终在实践中创造知识、发展知识。

实验教学是理论知识与实践活动、间接经验与直接经验、抽象思维与形象思维、传授知识与训练才能相结合的过程。实验课程是学生有效地学习和掌握科学技术与研究科学理论和方法的有效途径。学生通过一定量的、有水平的实验和有计划的实验操作技能训练，可以扩大知识面，增强实验设计能力与实际操作能力，进一步提高分析问题和解决问题的能力，培养科研协作精神，使自身素质得到全面提高。

(1) 实验教学的重要性。很早以前，著名的美籍华人、物理学博士、诺贝尔奖获得者丁肇中先生在给他颁奖的颁奖大会上进行演说时曾讲到“我希望，我得到诺贝尔奖能提高中国人对实验的认识。”他还说到“大家认为学习就是学理论，从来没有人说学习就是好好地学做实验，我是第一个通过自己的实验得到诺贝尔奖的中国人，我这次得奖，希望从此摆脱中国人轻视实验、过分重视理论的旧传统。”他尖锐地指出了中国高等教育在实验教学指导思想方面的弊病，强调了实验教学的重要性。

(2) 实验教学的实用性。事实证明，有效的学习途径是学生通过实验操作活动，在锻炼自己动手能力的同时，切实体会理论知识在实验中的再现和共鸣，通过实验探讨逐步形成、发展和丰富自己的认知结构。

(3) 实验教学的直观形象性。实验教学以它特有的形象、直观、简明、易懂、可观性强等特点吸引着学生的目光，实验能把抽象、难懂的知识直观、清晰地呈现出来，能化复杂为简单、化抽象为形象、化模糊为具体，更易为学生所接受，有利于学生加深理解和巩固所学的理论知识，深化对原理、规律的全面、透彻的理解，并且有助于学生掌握探究科学知识的方法。

机械设计实验是机械设计基础课程的重要实践环节，其教学目标是使学生开始认知机械设备与机械装置，掌握绘制实际的机构运动简图等技能和对简单机械参数进行测试等手段，加深对机械方面的基本理论的理解和验证，培养学生的测试技能和运用实验方法研究机械的能力，提高学生独立思考问题、分析问题和解决问题的能力，获得实际操作的基本工程训练和对实验结果进行分析的能力。在实验教学中，要求学生理论联系实际，独立分析、解决实际问题，具有实事求是、严谨的工作作风及爱护国家财产的良好品德。同时，在机械类实践中培养学生的创新意识和创新能力尤为重要，开设具有创造性的机械设计实验对培养学生创新意识和创新素质有很大帮助，在培养学生的全局教育中可起到重要作用。

第二节　机械设计基础课程实验体系

机械设计基础课程的实验体系遵循“机械认知→性能测试与分析→机械创新→产品制作”的实践、理论、再实践的认知规律，并按照此规律将实验分类，建造机械设计基础实验平台。

1. 机械认知实验模块

引导认知——机械认知实验是学习机械基础课程之前设置的“启蒙作业”，通过实物和模型的动态展示，让学生得到有关机械设计与创新的“启蒙教育”。

基本训练——机械认知实验是机械创新设计必不可少的基本技能的训练，通过构形设计、绘图和机构运动简图测绘等项目的训练，培养学生空间想象能力、构形能力、图形表达能力、机构综合能力，为将来进行机械创新设计打下坚实的基础。

(1) 机械模型展示：典型机构与典型零部件等的展示与演示，让学生对有关机械设计有一定的感性认识。

(2) 机械测绘：进行机构尺寸测绘、平面运动机构原理认知与测绘，以提高认识机械和分析机械的能力。

(3) 轴系结构分析：拆装、分析轴系部件，提高对机械设备结构的认知和工程设计能力。

(4) 减速器拆装：轴系箱体的拆装认知与测绘，提高对轴系结构的箱式机械装备的设计能力。

(5) 齿轮范成实验：认识齿轮加工的基本原理。

2. 机械性能测试与分析模块

基础实验——是对机械系统基本原理、基本实验方法的初步剖析，让学生通过基础实验掌握机械系统基本原理、基本实验方法，培养学生工程实践能力、分析问题和解决问题的能力。

综合实验——是培养学生综合设计能力和开拓创新能力的提升性实验。机械创新设计是综合性很强的实践活动，包括机电的综合、方案和结构的设计、功能与结构研究创新。按综合性→设计性→研究创新性的机械创新设计过程进行实验教学是培养创新型人才的一条有效的教学途径。以基础实验为根本，以学生自我训练为主进行的综合性、设计性和研究创新性的实验项目，可以培养学生的综合设计能力、开拓创新能力、分析问题和解决问题的能力。

（1）机械运动参数与动力参数测量实验：测量机械的实际位移、速度、加速度、运转不均匀系数、平衡等机械性能参数。

（2）带传动实验：测量带传动的效率、滑差率。

（3）机械效率测量实验：机械传动性能综合实验。

（4）滑动轴承实验：测试液体动压轴承压力分布状态与摩擦特性。

（5）机械动平衡实验：进行刚性转子的平衡校正，提高学生使用先进设备的综合能力。

（6）螺栓组及单螺栓连接综合实验：通过对螺栓组及单个螺栓的受力分析，计算和测量螺栓受力情况及静、动态性能参数。

3. 机械创新设计模块(参考《机械创新思维的训练方法》)

创新实验——机械创新设计实验是创新实验教学项目，以学生为主体来实现学生的自我训练，侧重学生的个性发展。选择适应高素质创新人才培养的实验教学项目，通过让学生根据自己的特长和兴趣，进行机械创新设计制作，并积极参加各类大奖赛，可培养学生综合设计能力、工程实践能力、开拓创新能力、提出问题和解决问题的能力。

（1）机械创新设计网络平台：可以组建创新设计的查询，创新设计方法、途径、资料，创新设计支撑软件，直接服务于创新设计。

（2）机构创意组装：直接创造搭接新机构，或将创造的机构进行实物组装（运用“机构创新设计组件”）。

（3）机电系统创意组装：组装含有气动机构、齿轮机构、杆件机构和微机控制组成的复杂机电系统，进行机电一体化产品的创新设计训练（运用“慧鱼创意装备”平台）。

（4）机械运动与控制：实现机械运动与控制，以机器人机构、“慧鱼创意装备”平台等设备为载体，进行运动与控制的创新基础训练。

4. 机械产品制造模块

结合机械创新设计大赛、学生兴趣社团与各类科研项目及社会活动，完成创新产品样机的制造与组装，培养学生的动手能力。

第三节　学生实验守则与实验须知

为了培养学生严肃认真和一丝不苟的工作作风，保证教学实验顺利进行，达到实验教学的要求和目的，每个学生应做到以下几点：

一、做好实验前的准备工作

（1）认真预习实验指导书，并复习教材中的有关内容，明确本次实验的目的、方法和步骤。

（2）根据实验所要求的内容，结合所学有关理论知识，弄清楚与本次实验有关的基本原理。

(3) 对实验中所用到的仪器、设备和工具有一定的了解，规定学生自备的物品一定要准备齐全。

二、遵守实验室的规章制度

(1) 学生必须遵守实验室各项规章制度，要服从教师的指导和安排，在规定的房间内、规定的设备仪器上操作。

(2) 按时到达实验室，不迟到，不早退，不无故缺课。

(3) 实验时应严肃认真，保持安静和整洁，不乱抛纸屑，不随地吐痰，严禁吸烟，保持实验室环境卫生，注意安全。

(4) 爱护仪器和设备，严格遵守操作规程，如发现故障应及时报告。

(5) 凡与本次实验无关的仪器与设备切勿动用。

(6) 实验完毕，应将设备及仪器恢复到原来正常状态，关机并切断电源。

三、认真做好实验

(1) 认真听取指导老师对本次实验的讲解，实验时应有严谨的科学作风，认真细致地按照实验指导书中所要求的实验方法和步骤进行实验。

(2) 实验是培养学生动手操作技能的重要环节，因此每个学生都必须自己动手，完成所有的实验环节。

四、实验报告的一般内容与要求

实验报告是实验的总结，通过书写实验报告，可以提高学生的分析能力，因此每个学生必须独立完成实验报告，并对每个实验应该做到原理清楚，方法正确，数据准确可靠，实验报告书写工整。

一般实验报告应具有下列基本内容：

(1) 实验名称、实验日期、实验者及同组人员。

(2) 实验所用的仪器和设备的名称、型号(及编号)、精度及量程等。

(3) 实验目的、原理、方法及步骤简述。

(4) 实验数据及其处理：实验数据应包括全部的原始测量数据，并注明测量单位，最好以表格形式，列出数据的运算过程，进行数据处理和错误分析。

五、实验成绩

(1) 根据学生参加实验的态度和表现，依据本人课堂签到及实验报告完成质量，在审阅报告的基础上，按优秀、良好、中等、及格、不及格五级评定实验成绩。

(2) 学生未完成所规定的实验与实验报告，或实验成绩不及格，应重做实验方可取得实验成绩。

第二章　实验项目及内容

实验一　典型机构传动原理认知实验

机构传动原理认知实验的目的是将部分基本教学内容转移到实物模型陈列室进行，通过认知实验，可增强学生对机构运动形式的感性认识，弥补空间想象力和形象思维能力的不足，加深对教学基本内容的理解，提高学生自学能力和独立思考能力。此外，丰富的实物模型有助于学生扩大知识面，激发学习兴趣，获得创新思维的启迪。

机械原理陈列柜示意图如图 2-1-1 所示。

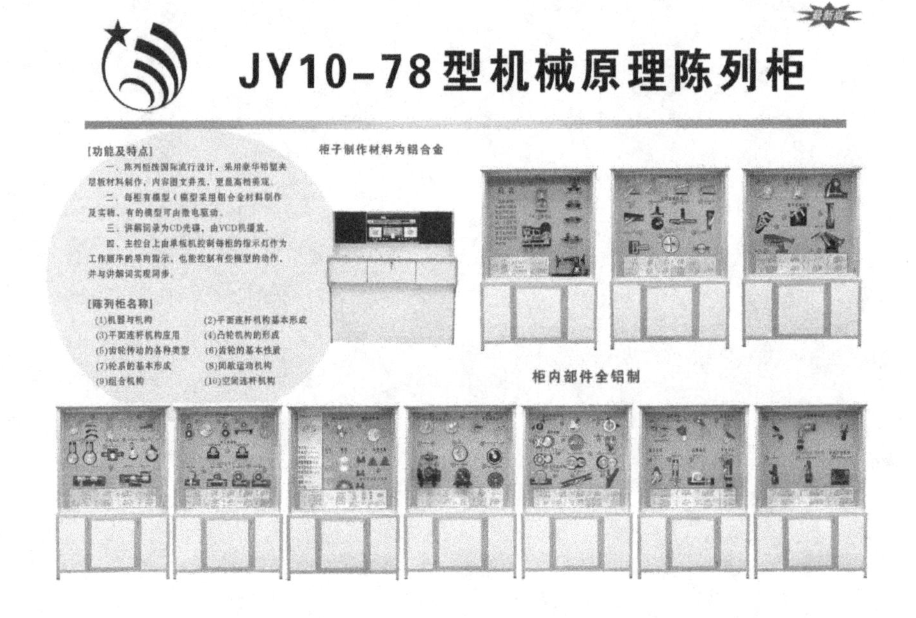

图 2-1-1　机械原理陈列柜示意图

一、实验目的

（1）初步了解“机械原理”课程所研究的各种常用运动机构的运动原理、类型、特点及应用。

（2）了解各种机构形式及相互的关系。

（3）了解各种运动传递过程的特点及应用。

二、实验方法

学生通过对实验指导书的学习及机械原理陈列柜中的各种机构的观摩，以及实验教学人员的介绍、答疑和个人主动的认真观察去认识常用的基本机构及其运动原理，使理论与实际对应起来，从而增强学生对机械运动的感性认识。

三、实验内容

观察各陈列柜的模型。各陈列柜内容见表 2-1-1～表 2-1-10。

表 2-1-1　第 1 柜　机器与机构

前　　言	螺　旋　副
内燃机模型	凸轮接触模型
蒸汽机模型	滚动轮接触模型
缝纫机	转动副轴承式模型
运动副模型	转动副铰链连接模型
移动副模型	

注：① 蒸汽机模型：其用途是把蒸汽的热能转换为曲轴转动的机械能，由两组曲柄滑块机构等组成。

② 单缸内燃机模型：其用途是把燃气的热能转换为曲轴转动的机械能，由曲柄滑块机构、齿轮机构和凸轮机构等组成。

③ 缝纫机：产品实物展示。

④ 运动副模型：平面副、空间副、高副、低副等。

⑤ 机器的各机构间相互配合、协调工作，共同实现了机器的预期功能；机构由构件和运动副组成，是具有确定相对运动的构件组合。

表 2-1-2　第 2 柜　平面连杆机构基本形成

曲柄摇杆机构	曲柄滑块机构	曲柄移动导杆机构
铰链四杆机构	曲柄摇块机构	双摇块机构
双曲柄机构	转动导杆机构	双滑块机构
双摇杆机构	移动导杆机构	

注：① 铰链四杆机构的基本形式：曲柄摇杆机构、双摇杆机构和双曲柄机构。

② 铰链四杆机构的演化形式：对心曲柄滑块机构、偏置曲柄滑块机构、正弦机构、定块机构、摇块机构、摆动导杆机构、双滑块机构。

③ 铰链四杆机构是平面连杆机构的基本形式。通过变换机架和改变杆长等方式，可将铰链四杆机构演化成曲柄滑块机构、导杆机构和椭圆机构等其他四杆机构。一些平面四杆机构具有急回特性和存在死点位置，四杆机构是多杆机构的基础。

表 2-1-3　第 3 柜　平面连杆机构应用

泵(1)	压包机
泵(2)	翻转机构
颚式破碎机	摄影升降机
飞剪	起重机

注：① 泵：铰链四杆机构演化应用。

② 颚式破碎机、飞剪：曲柄摇杆机构的应用。

③ 压包机、翻转机构：组合机构的应用。

④ 摄影平台升降机构：平行四边形机构的应用。

⑤ 鹤式起重机：双摇杆机构的应用。

⑥ 平面连杆机构可以实现运动方式的转换和特殊的轨迹等，广泛应用于机器之中，其中四杆机构最为常用，其次是多杆机构。

表 2-1-4　第 4 柜　凸轮机构的形成

平底	等宽凸轮机构
尖端	等径凸轮机构
滚子	主回凸轮机构
盘形凸轮机构	球面凸轮机构
移动凸轮机构	圆锥凸轮机构
槽凸轮机构	圆柱凸轮机构

注：① 凸轮机构：凸轮机构的类型按凸轮的形状分有盘形凸轮、移动凸轮、圆柱凸轮、圆锥凸轮、槽状凸轮、等宽凸轮、等径凸轮和主回凸轮等多种形式；按运动形式分有移动和摆动凸轮机构；按端部结构形状有尖顶、滚子和平底等凸轮机构；按安装方式分有平面与空间凸轮机构。

② 锁合装置：可将凸轮与从动件始终保持接触。

③ 凸轮机构由凸轮、从动件和锁合装置及机架四个构件组成，可以将凸轮的连续转动转换成从动件的往复移动或摆动，实现较为复杂的运动规律，广泛应用于自动化机器之中，是典型的常用机构。

表 2-1-5　第 5 柜　齿轮传动的各种类型

平行轴传动	曲线圆锥齿轮机构
斜齿圆柱齿轮机构	螺旋齿轮机构
齿轮齿条机构	螺旋齿轮齿条机构
内啮合直齿圆柱齿轮机构	圆柱蜗杆蜗轮机构
人字圆柱齿轮机构	圆柱蜗杆蜗轮机构一
直齿圆锥齿轮机构	弧面蜗杆蜗轮机构二

注：① 平面齿轮机构：外啮合、内啮合、直齿、斜齿、人字齿、齿轮齿条机构。

② 空间齿轮传动：直齿圆锥齿轮、斜齿锥齿轮机构、螺旋齿轮机构、蜗轮蜗杆机构。

③ 齿轮机构由两个互相啮合的齿轮和机架组成，可以实现任意两轴之间的运动，工作平稳、可靠、寿命长，应用非常广泛。

表 2-1-6　第 6 柜　齿轮的基本性质

渐开线齿轮部分名称及其尺寸	模数
渐开线的形成	压力角
摆线的形成	齿高系数
齿数	

注：齿轮机构是现代机械中应用最为广泛的一种传动机构，它可以用来传递空间任意两轴间的运动和力，合适的齿轮参数设计可以使传动比更准确、平稳，机械效率更高，使用寿命更长，工作安全可靠。

表 2-1-7　第 7 柜　轮系的基本形式

差动轮系	旋轮线
行星轮系	用于传动
定轴轮系	运动分解
周转轮系功用：获得大传动比	谐波传动减速器
实现特定的运动	摆线针轮减速器
运动的合成	

注：① 轮系包含有平面定轴轮系、空间定轴轮系、行星轮系、差动轮系、3K 型周转轮系。

② 轮系的功用：可实现大传动比、分路、变速、换向、运动复合、运动分解的轮系。

③ 轮系的应用举例：摆线针轮减速器、谐波传动减速器。

④ 由一系列相互啮合的齿轮组成的传动系统称为轮系。轮系在各种机械中应用十分广泛，可实现较远两轴之间的传动、实现变速传动、获得大的传动比、实现运动的合成和分解。

表 2－1－8　第 8 柜　间歇运动机构

棘轮机构	齿轮式间歇机构
齿式棘轮机构	渐开线不完全齿轮机构
摩擦式棘轮机构	摆线针轮不完全齿轮机构
槽轮机构	凸轮式间歇机构
内啮合槽轮机构	停歇曲柄连杆机构
球面槽轮机构	停歇间歇机构

注：① 间歇运动机构的类型：齿式棘轮机构、摩擦式棘轮机构、外槽轮机构、内槽轮机构、球面槽轮机构、齿式与不完全齿轮机构、凸轮式停间歇运动机构，停歇运动的连杆机构。

② 间歇运动机构可以将原动件的连续运动转换成从动件周期性的间歇运动，以实现机器的特定运动要求，广泛应用于自动化机器中，是机构家族中的重要一员。

表 2－1－9　第 9 柜　组合机构

行程扩大机构	实现变速运动的机构
换向传动机构	同轴槽轮机构
齿轮连杆曲线	误差校正机构
实现给定轨迹的机构	电动马游艺装置

注：① 组合机构是将单一的机构以多种不同的方式组合在一起，常见的机构组合方式有串联式、并联式、反馈式及复合式等。

② 机构的组合是发展新机构的重要途径之一，可以实现较复杂的机构运动过程。

表 2－1－10　第 10 柜　空间连杆机构

RSR 空间连杆机构(铝制)	4R 揉面机构(铝制)
RSSR 联轴节(铝制)	RRSRR 角度传动机构(铝制)
4R 万向节(铝制)	萨勒特(sarnit)机构(铝制)

注：① RSSR 空间机构 ：这是一种常用的空间连杆机构。

② RC4R 万向节：球面机构的应用。

③ CR 联轴节：三连杆机构的应用。

④ RCRC 揉面机构：球面机构的应用。

⑤ RRSRR 机构：空间五杆机构的应用。

⑥ SARRUT 机构：空间六杆机构，用于产生平行位移。

⑦ 空间连杆机构可以实现特殊的运动轨迹和运动规律，常应用于各种机器中，结构紧凑，用于传递空间交错轴之间的运动。

四、实验步骤

(1) 按照机械原理陈列柜所展示的内容顺序，由浅入深、由简单到复杂进行参观认知；

(2) 在听取指导教师讲解的基础上，分组(每 2 人 1 组)仔细观察和讨论各种机械传动机构的结构、类型、特点及应用范围。

五、实验要求

课内完成实验内容，课后进行分析比较，回答思考题，写出心得体会，完成实验报告。

六、思考题

1. 列出你观察到的陈列内容。

2. 什么是机器？什么是机构？机器和机械有何共同之处？有何不同之处？

3. 平面四杆机构演化形式之二是带有两个移动副的四杆机构，请仔细观察陈列柜中的正弦机构、椭圆仪机构、双滑块机构的运动情况，并指出其运动特点。

4. 凸轮机构主要由哪三部分组成？陈列柜中展示了哪几种盘形凸轮机构？

5. 齿轮机构的第一种类型是两平行轴之间传递运动和动力的齿轮机构，请观察有几种？

6. 传递两相交轴或两交错轴之间的运动和动力应采用什么齿轮机构？

7. 周转轮系和差动轮系有何不同？如果把行星轮系中的转臂固定不动，此轮系将成为什么轮系？

8. 间歇运动机构有哪些类型？各有何特点？在自动化生产过程中，如果希望机械手能周期性地运动和停歇，有哪几种间歇机构可以使用？

9. 组合机构有哪些类型？各有何特点？空间连杆有哪些类型？各有何特点？

10. 试设想一种陈列柜所展示机构的变异机构的运动传递过程。

实验二　机构运动简图测绘与分析实验

在设计新的机械或对现有机械进行分析研究时，需要画出能表明其组成情况和运动情况的机构运动简图，而机构各部分的运动情况，是由其原动件的运动规律、该机构中各运动副的类型(例如，是高副还是低副，是转动副还是移动副等)和机构的运动尺寸(确定各运动相对位置的尺寸)来决定的。而与构件的外形、断面尺寸、组成构件的零件数目及固连方式、运动副的具体结构无关。所以，只要根据机构的运动尺寸，按一定的比例尺定出各运动副的位置，就可以用运动副的代表符号和简单的线条把机构的运动情况表示出来，这种表示机构运动情况的简单图形，就是所谓的机构运动简图。机构运动简图应与原机械具有完全相同的运动特性，不仅可以简明地表示出机构运动情况，而且还可以根据该图对机构进行运动及动力分析。有时，如果是为了表明机构的运动情况，而不需求出其运动参数的数值，也可以不要求严格地按比例来绘制简图，而通常把这样的机构运动简图称为机构的运动示意图。

一、实验目的

(1) 学会根据各种机构实物或模型，绘制机构运动简图的技能。

(2) 分析和验证机构自由度与原动件数目的关系，进一步理解自由度的概念，掌握机构自由度的计算方法，并验证实验对象(运动简图)及其曲柄存在的条件。

(3) 加深对机构的分析和了解(实物(模型)—简图—实物)，尝试由原理设计机构。

(选做)

二、实验原理

由于机构的动作仅仅与机构中所有构件的数目、构件所组成的运动副的数目、类型及相对位置等有关，因此在绘制机构运动简图时，可以不考虑机构中那些与运动无关的因素(如构件的外形和断面尺寸大小、组成构件的零件数目、运动副的具体构造等)，而只需用一些最简单的线条和规定的符号来代表构件和运动副，并按一定的比例尺表示各运动副之间的相对位置。绘制机构运动简图是为了便于对机构运动进行分析与综合。

表 2-2-1 为常用机构运动简图符号示例。(摘自 GB 4460-84)

表 2-2-1　常见机构运动简图符号示例(摘自 GB4460-84)

名称		符　号
低副	转动副	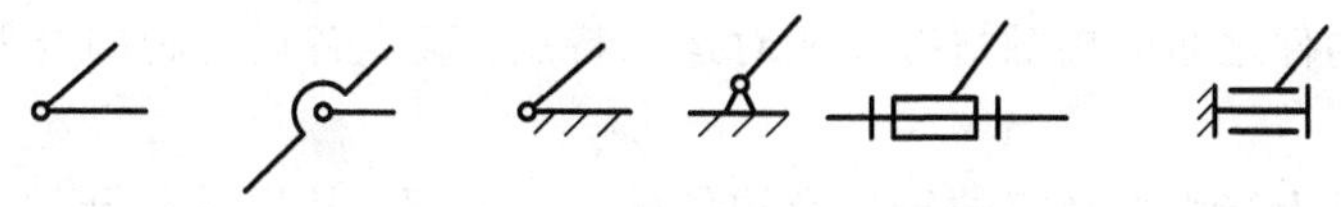
	移动副	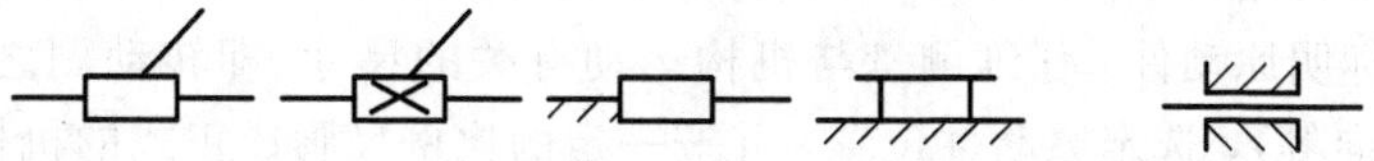
	螺旋副	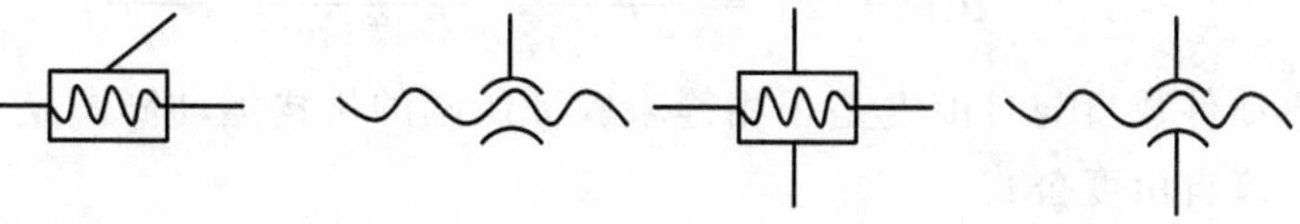
高副	凸轮副	
	齿轮副	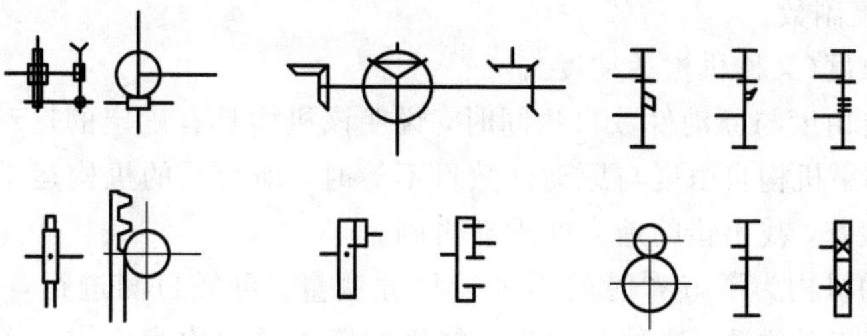
构件	活动构件	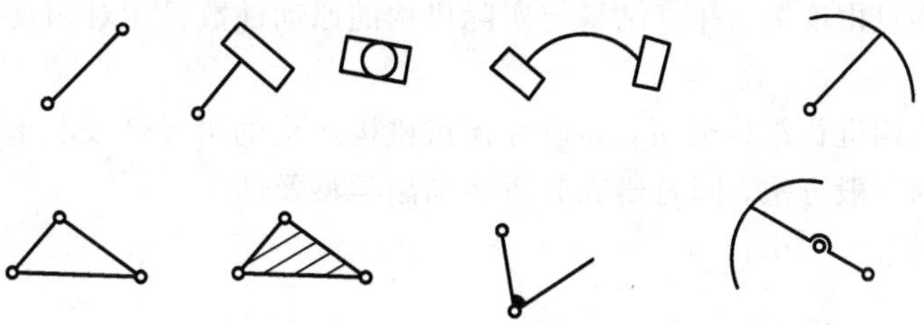

三、实验设备和工具

(1) 摇块泵模型； (2) 摇杆泵模型； (3) 抽水机应用机构；
(4) 牛头刨模型； (5) 内燃机机构； (6) 缝纫机机构；
(7) 惯性筛机构。

自备三角板、铅笔、圆规、橡皮、草稿纸。

四、实验方法及步骤

绘制摇块泵、摇杆泵、惯性筛机构模型的机构运动简图，测量有关尺寸，按比例作机构运动简图。

测绘时先使被测绘的机构慢慢地运动，从原构件开始仔细观察机构的运动，分清各个运动单元(即活动构件)，分清活动构件与零件的关系，从而确定机构的构件数目。根据相互连接的两构件之间的接触情况及相对运动特点，确定各运动副的类型(指低副或高副)和数目。

在草稿纸上徒手按规定的符号及构件的连接顺序，从原动件开始，逐步画出机构运动简图的草图，再用数字1、2、3…分别标注各构件，用字母A、B、C、D…分别标注各运动副，用箭头标明原动件。仔细测量与机构运动有关的尺寸(即转动副之间的中心距离和移动副导路方向等)，选定原动件位置，并按一定的比例尺画成正式的机构运动简图。

$$\text{比例尺}\ U_L = \frac{\text{实物或模型实际长度(mm)}}{\text{图示长度(mm)}} \tag{2-2-1}$$

根据原动件数目与自由度是否相等来验证所画的机构运动简图是否正确。

根据计算自由度公式

$$F = 3n - 2P_{\mathrm{L}} - P_{\mathrm{H}}$$

式中：F——自由度；

n——活动构件数；

P_{L}——低副数；

P_{H}——高副数。

求得自由度(又称机构活动度)。

当机构自由度与原动件数目相同时，说明该机构具有确定的运动，即所画的机构运动简图正确。如果机构自由度与原动件数目不等时，即所画的机构运动简图是错的，那么就需从头开始检查，找出错的地方并重新再画。

对其余的机构为了节省时间不进行尺寸测量，可凭目测进行，使图与实物大致成比例，但要注意相对位置。这种不按比例的机构简图通常称为机构运动简图，同时也对该示意图计算机构自由度数，并将结果与实际机构的原动件数目相对照观察计算结果与实际是否相符。

对上述机构进行结构分析，如研究探讨机构运动的可能性及具有确定运动的条件。建立运动分析的一般方法，同时研究分析运动副类型及性质。

五、思考题

1. 一个正确的“机构运动简图”能说明哪些内容？机构运动简图在工程上有什么作用？

2. 什么是运动副？运动副有哪些？什么叫高副？什么叫低副？试各举 2 例。

3. 机构自由度的计算对测绘机构运动简图起什么作用？自由度大于或小于原动件数时会产生什么结果？

4. 机构运动简图中原动件位置是否可以任意选择？如果任意选择会不会影响机构运动简图的正确性，原因是什么？

5. 几个构件汇集而成的铰链称为什么？它含几个转动副？

6. 与输出运动无关的自由度称为什么？在计算自由度时应怎么考虑？

7. 不起独立限制作用的约束称为什么？它在计算自由度时又应怎样考虑？

8. 什么是运动的单元？什么是制造的单元？

9. 请绘出实验中所测的各运动机构的简图或草图，标出比例尺，计算出自由度，并对简图进行曲柄存在条件的验证。

六、分析、设计题(选作)

试对图 2-2-1 所示机构运动示意图进行分析，设计并绘出平面运动机构的实体结构草图。

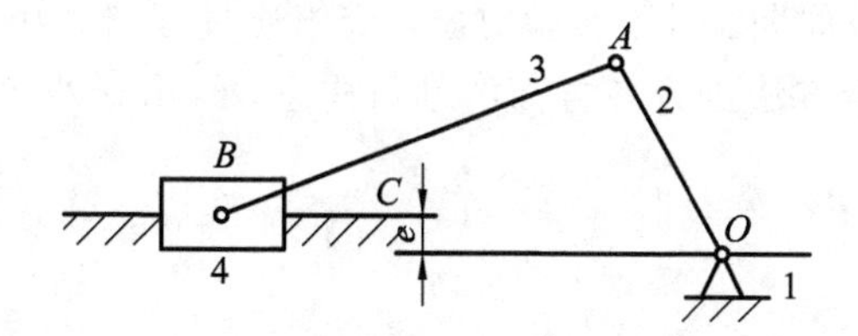

图 2-2-1　产生直线运动的机构运动示意图

设构件 4 在构件 1 上作运动输出，构件 2 为原动件。

运动输出范围：20～50 mm，e 值：10～20 mm。

实验三　平面运动机构变异与创新实验

机构运动方案创新设计是各类复杂机械设计中的决定性一步。机构的设计选型通常先通过作图和计算来进行，对比较复杂的机构一般都有多个方案进行比较分析以作备选，有的还需要制作模型来试验和验证，多次改进后才能得到最佳的方案和参数。本实验希望学生运用机械创新思维的方法，通过对平面运动机构的变异设计，达到锻炼创新思维的目的。在运动方案的创新构思过程中，学会且掌握全面理解机构运动原理。

在观察实验对象工作过程时，必须指出机器的传动路线实际上是运动和动力的传递过程，即代表着机器的工作原理，此过程不仅决定了主要能量的传递路线，而且决定了物料的传递和转换。因此，为符合认知思路，观察的路线应该是从原动机到执行机构。另外，还需关注现代机器工作过程中的信息传递。

一、实验目的

(1) 了解常用机械运动以及传动的类型、工作原理、组成结构及失效形式。

(2) 了解设备各部件结构与运动机构的类型。

通过本实验，使学生对设计的系统性与工程化的认识能够得到深化，使观察能力、动手能力和知识综合应用能力、创新思维能力得到很好的锻炼，积累经验，丰富工程领域的专业知识。

二、实验设备

实验设备由学生根据实验情况自选。

三、实验内容

观测、分析内燃机模型、牛头刨床模型(或实验室的其他机械机构)，就机械机构本身具有的运动过程设计机构运动时序，绘出完整的运动循环时序图，要求机构运动的工艺动作协调、具有动作必要性；运用机械创新技法对所分析的机械机构进行改变设计，完成创新作品的设计，绘出新作品的机构运动示意图与运动时序图。

通过对实验设备的观察，要求在分析机器功能时，重点观察实验对象末端执行的工作过程，深刻领会通过不同机构的组合进行的各个工艺动作的必要性、时序性和协调性，同时分析出机器的工作循环周期。对于实验对象，应该通过创新思维积极开展想象，对原有机构或构件运用创新思维方法进行各方面的创新构思，绘出新的运动机构示意图，同时绘制出机构工作循环图。

四、实验原理

1. 变异创新设计方法(参见《机械创新思维的训练方法》)

变异创新设计(简称变异设计)是在已有产品的基础上，针对原有缺点或新的工作要求，从工作原理、功能结构、执行机构类型和尺度等方面进行一定的变异，设计出新产品以适应市场需要，增强产品竞争力。这种设计也包括以基本型产品为基础，保持工作原理不变，开发出不同参数、不同尺寸或者不同功能和性能的变型系列产品。变异设计具有适应性和变异性，由于这种设计是在原有产品上进行发展的，因此风险也较小。

常见的机构变异方法有：机构的倒置、机构的扩展、运动副元素的变异与演化、运动副元素形状的变异、构件的变异与演化、构件的拆分与合并、移植变异等(见图 2-3-1 和图 2-3-2)。

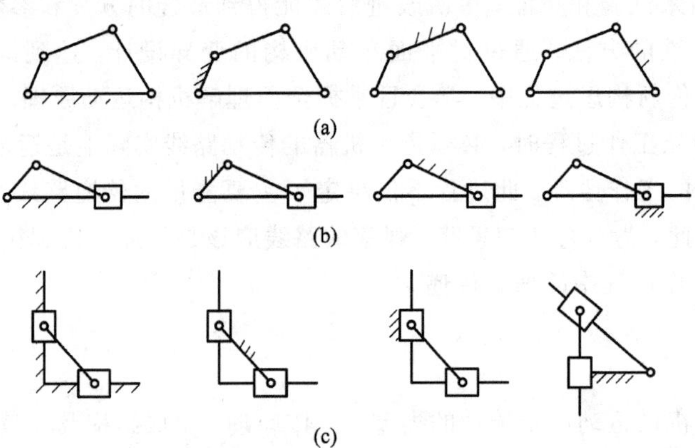

图 2-3-1　平面连杆机构的机架变换

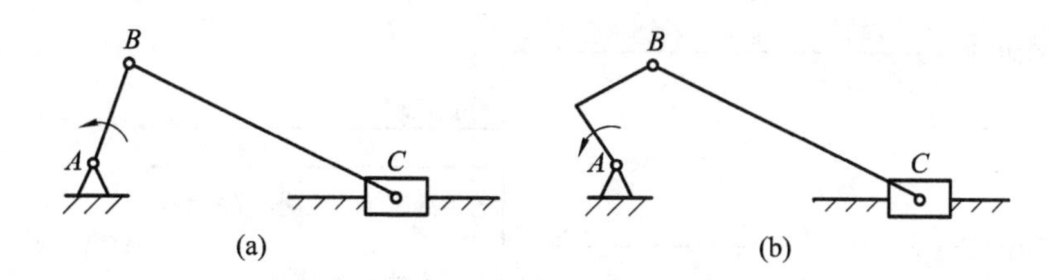

图 2－3－2　曲柄滑块机构中的曲柄的形状变异

2. 工作循环时序图的分析与绘制

在分析机器功能时，重点观察实验对象末端执行的工作过程，深刻领会通过不同机构的组合进行的各个工艺动作的必要性、时序性和协调性，同时分析出机器的工作循环周期。作为设计原则，对于新设计，功能结构应构建得越简单越好，并尽可能便于寻找各分功能的原理或载体。因此，机器的一些工艺动作能否整合或运动与工艺方案能否创新是开发的关键，因而也最终决定机器性能、成本等指标的不同。对于实验对象，应该通过创新思维积极开展这方面的创新训练。

机器的工作循环时序图是表示机器各执行机构的运动循环，以及在工作循环内各执行机构相互关系的示意图，通常也称为机器的运动循环图。机器的生产工艺动作顺序是通过拟定机器的工作循环时序图选用各执行机构来实现的。因此，工作循环时序图是设计机器控制系统和进行机器调试的依据。图 2－3－3 为切管机构实际工作图，图 2－3－4 为切管机构的工作循环时序图，图 2－3－5 为某饮料生产线中的清洗与灌装工作循环时序图。

绘制工作循环时序图时，在统一时间内各工作内容按比例绘制，通常选择以某一主要执行机构的主动轴起点为基准，此时其轴上固定刻度盘调整到“0”刻度，其余各执行机构的运动循环表示相对于主要执行机构的动作顺序。工作循环时序图可以观察工艺动作组合的情况，实现机器总功能的可靠性。

图 2－3－3　切管机构实际工作图

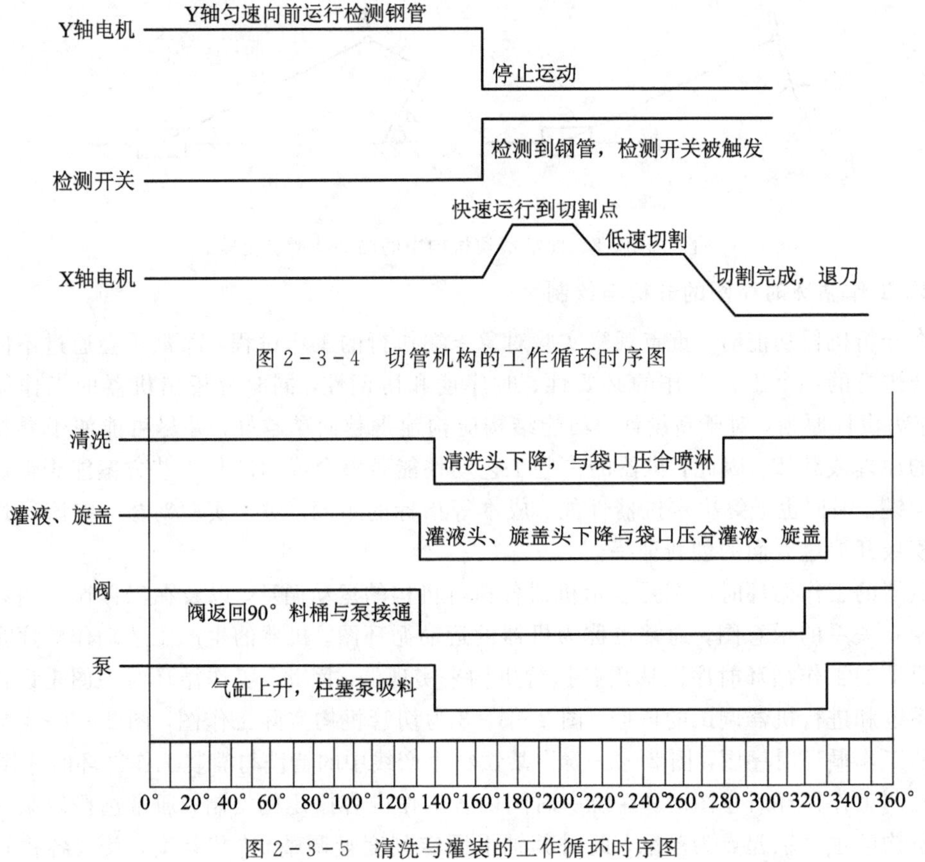

图 2-3-4　切管机构的工作循环时序图

图 2-3-5　清洗与灌装的工作循环时序图

五、实验要求

(1) 要求认识运动件的工作原理，从而进行功能分析。

(2) 要求从设备运动功能出发，确定机构运动方案，进行机构运动简图的绘制和工作循环图的绘制。

在实验中，要求学生仔细观察实验对象的动力传递路线，各种工艺动作及相互配合；此外，还要求对所学设计知识进行综合应用，开发创新思维能力，达到创新技法的灵活运用。

六、思考题

1. 以牛头刨床为原型试举出几种不同的具备变异结构形式的刨床机构设计方案。如果含有Ⅲ级机构，其运动分析方法与Ⅱ级机构有何不同？

2. 设计机器工作循环时序图时，应该考虑哪些问题？在机器设计中，各部分集成时为什么要强调空间和时间上的协调？应该从哪方面考虑？

实验四　机械运动参数测试与分析实验

机械中运动构件的位移(s)、速度(v)及加速度(a)(统称为机械运动参数)等指标是机械设计过程中的重要参数，它们与机构尺寸、原动件的运动规律有关。通过对实际机械运动参数的测量，可以更好地了解运动机构的机械性能。在测量过程中，若采用位移传感器，则可通过微分电路求得速度与加速度。若采用速度传感器，则可用微分电路求得加速度，用积分电路求得位移，若用加速度传感器测量，则用积分电路求得速度和位移。机械运动参数的测量方法与所采用的传感器密切相关。机械运动参数是机械性能的重要技术指标，通过现场测试与理论分析，并与设计结果相比较，可以加强学生的工程意识和动手能力的培养以及掌握现代化的测试手段，这也是本实验的重要目的。

一、实验目的

(1) 通过实验了解位移、速度、加速度、角位移、角速度、角加速度、转速及回转不匀率的测定方法，初步了解电测法测量机构运动参数的基本原理。

(2) 通过比较理论运动线图与实测运动线图的差异并分析其原因，增加对速度量衡，特别是加速度的感性认识，分析误差原因。

(3) 通过实验，初步了解“QTD-Ⅲ型组合机构实验台”及光电脉冲编码器、同步脉冲发生器(或称角度传感器)的基本原理，并掌握它们的使用方法。

(4) 比较曲柄导杆滑块机构与曲柄滑块机构的性能差别。

二、实验设备和仪器

(1) 实验机构——曲柄滑块导杆组合机构；

(2) QTD-Ⅲ型组合机构实验仪(单片机控制系统)，包括机架、电动机、蜗轮蜗杆减速器；

(3) 打印机；

(4) 个人电脑一台；

(5) 光电脉冲编码器；

(6) 同步脉冲发生器(或称角位移传感器)。

三、设备结构及原理

1. 实验机构系统组成

本实验的实验系统如图 2-4-1 所示。

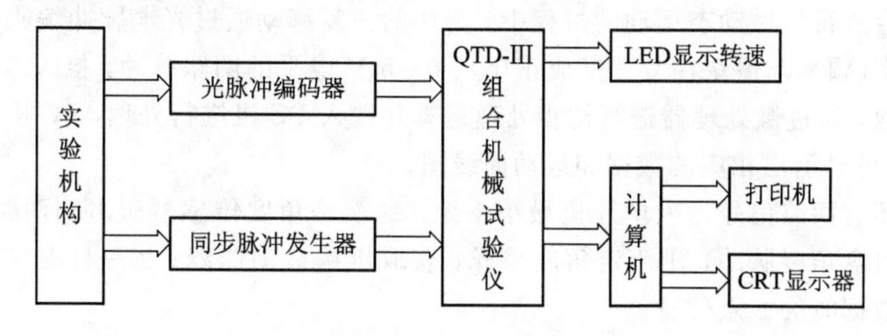

图 2-4-1 机构运动参数测试实验系统

本实验配套的设备为曲柄滑块及曲柄导杆机构，其原动力采用直流调速电机，电机转速可在 0～3000 r/min 范围作无级调速。经蜗轮蜗杆减速器减速，机构的曲柄转速为 0～100 r/min。

图 2-4-2 所示为实验机构的运动参数测试实验系统机构示意图，利用往复运动的滑块推动光电脉冲编码器，输出与滑块位移相当的脉冲信号，经测试仪处理后可得到滑块的位移、速度及加速度。图 2-4-2(a)为曲柄滑块机构的结构形式，图 2-4-2(b)为曲柄导杆滑块机构的结构形式，后者是前者经过简便的改装而得到的，在本实验机构中已配有改装所必备的零件。

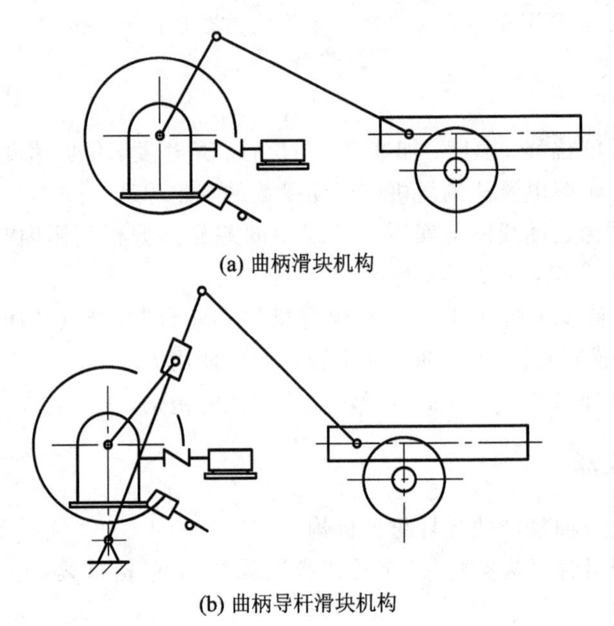

(a) 曲柄滑块机构

(b) 曲柄导杆滑块机构

图 2-4-2　机构示意图

2. QTD-Ⅲ型组合机构实验仪

此实验仪的面板如图 2-4-3 所示，其中图 2-4-3(a)为正面面板，图 2-4-3(b)为背面面板。

以 QTD-Ⅲ型组合机构实验仪为主体的整个测试系统的原理框图如图 2-4-4 所示。

本实验仪是单片机最小系统组成，外扩 16 位计数器，接有 3 位 LED 显示数码管，可实时显示机构运动时的曲柄轴的转速，同时可与 PC 机进行异步串行通信。

在实验台进行机械动态运动的过程中，滑块的往复移动通过光电脉冲编码器转换输出具有一定频率(频率与滑块往复速度成正比)、0～5 V 电平的两路脉冲，接入微处理器外扩的计数器计数，通过微处理器进行初步处理运算并送入 PC 机进行处理，PC 机通过软件系统在 CRT 上可显示出相应的数据和运动曲线图。

机构中还有两路信号送入单片机最小系统，那就是角度传感器送出的两路脉冲信号。其中一路是码盘角度脉冲，用于定角度采样，获取机构运动曲线；另一路是零位脉冲，用于标定采样数据时的零点位置。

机构的速度、加速度数值由位移经数值微分和数字滤波得到。与传统的 RC 电路测量法或分别使用位移、速度、加速度测量仪器进行测量的系统相比，其测试系统简单、性能稳定可靠、附加相位差小、动态响应好。实验仪采用微处理器和相应的外围设备，对测试结果以曲线形式输出，还可以直接打印出各点数值，幅值误差和相位误差均较小。

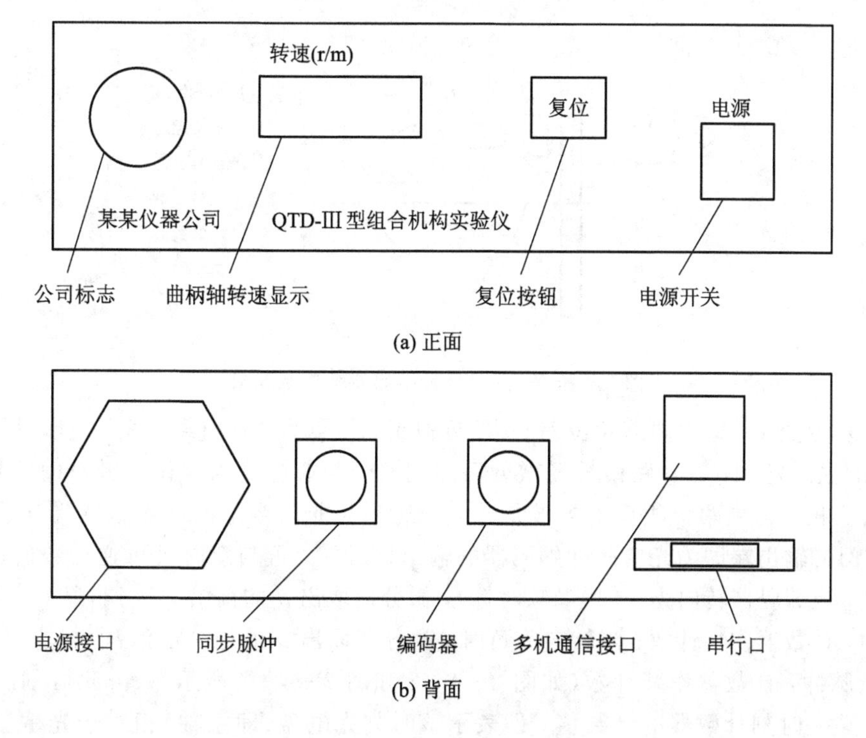

图 2-4-3　QTD-Ⅲ组合机构实验仪面板

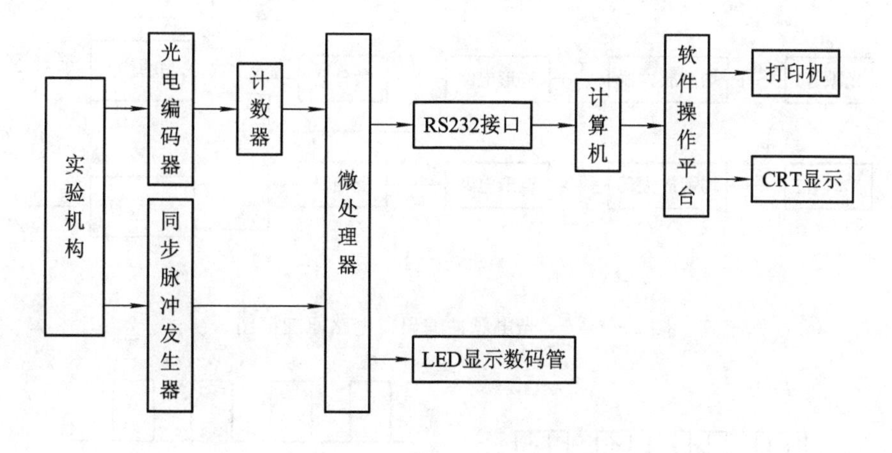

图 2-4-4　测试系统的原理框图

3. 光电脉冲编码器原理

光电脉冲编码器由图 2-4-5 所示部件组成。

光电脉冲编码器又称增量式光电编码器，它是采用圆光栅通过光电转换将轴转角位移转换成电脉冲信号的器件。它由发光体、聚光透镜、光电盘、光栏板、光敏管和光电整形放大电路组成。光电盘和光栏板用玻璃材料经研磨、抛光制成。在光电盘上用照相腐蚀法制成有一组径向光栅，而光栏板上有两组透光条纹，每组透光条纹后都装有一个光敏管，它们与光电盘透光条纹的重合性差 1/4 周期。光源发出的光线经聚光镜聚光后，发出平行光。当主轴带动光电盘一起转动时，光敏管就接收到光线亮、暗变化的信号，引起光敏管所通

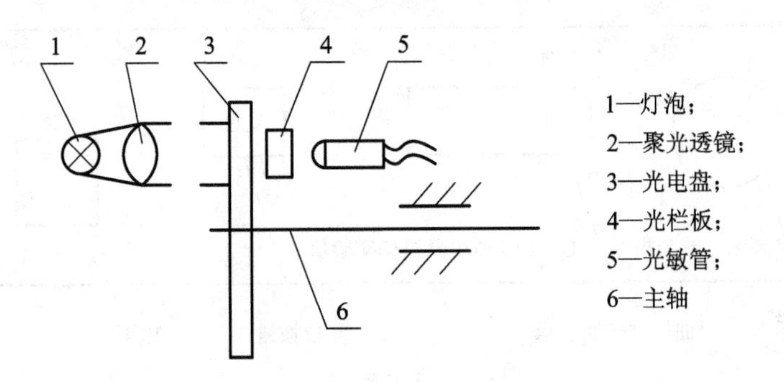

图 2-4-5 光电脉冲编码器结构原理图

过的电流发生变化，输出两路相位差 90°的近似正弦波信号，它们经放大、整形后得到两路相差 90°的主波 d 和 d'。d 路信号经微分后加到两个与非门输入端作为触发门信号；d' 路经反相器反相后得到两个相反的方波信号，分送到与非门剩下的两个输入端作为门控信号，与非门的输出端即为光电脉冲编码器的输出信号端，可与双时钟可逆计数的加、减触发端相接。当编码器转向为正时(如顺时针)，微分器取出 d 的前沿 a，与非门 1 打开，输出一负脉冲，计数器作加计数；当转向为负时，微分器取出 d 的加一前沿 b，与非门 2 打开，输出一负脉冲，计数器作减计数(如图 2-4-6 和图 2-4-7 所示)。由此可判断角位移的方向。某一时刻计数器的计数值，即表示该时刻光电盘(即主轴)相对于光敏管位置的角位移量。

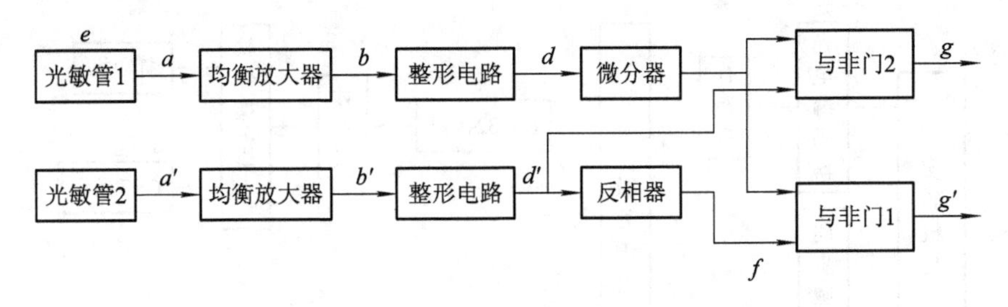

图 2-4-6 光电脉冲编码器电路原理框图

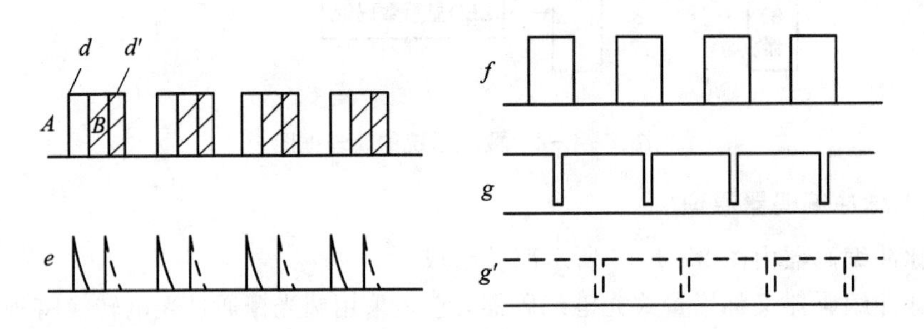

图 2-4-7 光电脉冲编码器电路各点信号波形图

4. 同步脉冲发生器

同步脉冲发生器(即角位移传感器)如图 2-4-8 所示，由发光二极管、聚光镜、光电盘、光敏管 1(测角位移)、光敏管 2(测转速)等组成。光电盘上的径向刻有 180 条等长透光条纹(测角位移)，每格之间为 2°，其中有一条稍长透光条纹为调零线，光敏管 1 对 180 条透光条纹，光敏管 2 对光电盘上 180 条透光条纹中的一条稍长透光条纹，把光电盘插入探头的内槽，因光敏管被光源照射即可产生电信号，所以当主轴带动光电盘转动时就可得到两组电信号，即光敏管 1 在光电盘每转 2°时产生一个脉冲电信号。而光敏管 2 是在光电盘转一圈(360°)才得到一个脉冲电信号。

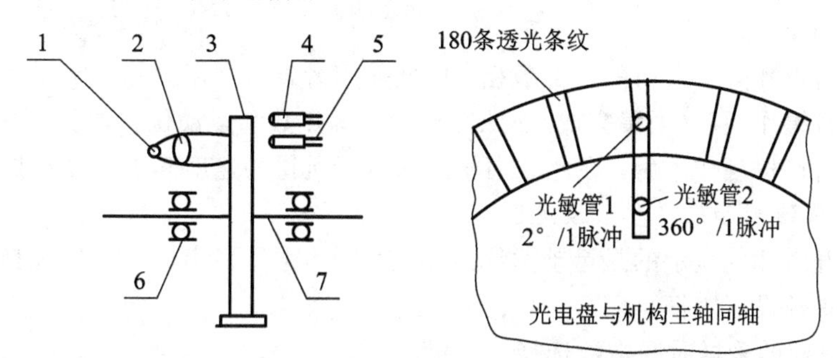

1—发光二极管；2—聚光镜；3—光电盘；4—光敏管(测角位移)；5—光敏管(测转速)；6—轴承；7—主轴

图 2-4-8　同步脉冲发生器结构原理图

四、软件窗体界面介绍及操作说明

1. 软件窗体界面介绍

整个窗体由标题栏、菜单栏、工具栏、数据显示区、运动曲线绘制和采样参数设定区、公司广告信息显示区、运动分析结果显示区、状态栏等八部分组成。

1) 菜单栏

各菜单功能的简要说明：

打开：打开以前保存在数据库内的采集所得数据(位移、速度、加速度数据)。

保存：保存当前采集所得数据(位移、速度、加速度数据)。

退出：程序的退出操作。

端口 1：采集前的端口 1 的选择(地址 3F8H(十六进制))。

端口 2：采集前的端口 2 的选择(地址 2F8H(十六进制))。

数据分析：对当前采集到的位移数据进行分析，得出当前运动的速度、加速度的最大、最小及平均值。

动画显示：曲柄滑块机构——用软件编写曲柄滑块的运动动画窗口；曲柄导杆机构——用软件编写曲柄导杆的运动动画窗口。

打印：弹出打印窗口，可进行如下选择：数据打印，可打印采集到的所有位移数据及相应的速度、加速度数据；也可打印部分数据，即只打印由用户自己所选的采样点数的位移数据及相应的速度、加速度数据；曲线打印，同数据打印一样，可打印全部曲线和部分曲线，当进行回转不匀率的采样操作时可选打印回转不匀率曲线项。

帮助主题：曲柄滑块/导杆机构运动参数测试仪的详细介绍。

2) 工具条栏

(1) 打开按钮，同打开菜单操作。

(2) 保存按钮，同保存菜单操作。

(3) 数据分析按钮，同数据分析菜单的操作。

(4) 曲柄导杆机构的动画显示按钮。

(5) 打印按钮，同打印菜单。

(6) 显示帮助主题按钮。

3) 数据显示区

显示采集所得和分析所得的全部数据，以便使用者查看之用。

当“采集”按键作用后(采集完成)在此区显示采集点数和运动位移值。

当“数据分析”按键作用后，在此区内将加入分析所得的速度和加速度数据。

4) 运动曲线绘制和采样参数设定区

程序刚打开时此区显示的是运动曲线绘制控件，当选择好串口(“端口选择”作用后)后此区变为采样参数设定表框。

(1) 定时采样的采样时间常数选择。

(2) 定角度采样的角度常数选择。

(3) 回转不匀率角度常数选择。

采样完成此区又回到运动曲线绘制控件并绘出当前采样相应的位移曲线，按“数据分析”键后，将同时绘出速度曲线和加速度曲线，最终显示在此区的是三条曲线(位移、速度和加速度曲线)。

5) 公司广告信息显示区

此处显示公司的相关信息。

6) 运动分析结果显示区

此区将显示当前运动采样的位移、速度、加速度的最大值、最小值和平均值，回转不匀率采样所得的转速的最大值、最小值、平均值及回转不匀率值。

7) 状态栏

该栏显示程序运行时的动态信息。如在绘制曲线时，在状态栏中将实时显示当前的位移或速度、加速度值。

2. 软件操作说明

首先，在使用前确定所要做的是定时采样还是定角度采样方式，或是要进行测定机构当前的回转不匀率。

其次，启动此曲柄滑块导杆机构，打开测试仪的电源按钮，此时测试仪先显示的是数字 0，随后便正确显示当前的转速。

接着，调动曲柄滑块导杆机构上的电机调速旋钮使转速调到自己所需的转速，待稳定后便可以在 PC 的软件系统上进行操作了。使用步骤如下：

(1) 打开本软件系统。

(2) 选择端口号(如选择端口 1)。

(3) 在采样参数设计区选择采样方式和采样常数(如选择定时采样方式，采样定时常数选择为 25 ms)。

(4) 按“采集”键。

(5) 等待一段时间，因为一个采样周期需要完成 240 个采样点的数据采集，也与机构运动的速度有关联。(这段时间用于单片机处理数据以及单片机向 PC 传送数据。)

(6) 如果采集数据传送(PC 与单片机通信)正确，单片机传送到 PC 的位移数据便会显示在“数据显示区”内，同时 PC 会根据位移数据在“运动曲线绘制区”画出位移的曲线图，同时在“运动分析结果显示区”显示出位移的最大值、最小值、平均值。如果数据传送出现异常，应重新采集数据。

(7) 按“数据分析”键。则在“运动曲线绘制区”内将动态地绘出相应的速度曲线和加速度曲线，同时在“运动分析结果显示区”显示出速度、加速度的最大值、最小值、平均值。

(8) 保存当前采集的数据到数据库内。

(9) 打印当前采集和分析的数据和曲线图。

注：若在第(3)步中选择的是进行角度分析(即转速与回转不匀率的采样方式)，将跳过(7)、(8)两步。

五、实验内容

(1) 已知曲柄滑块机构的位移、速度、加速度的近似值(示意图如图 2-4-9 所示)：

$$x_C = l\left(\cos\varphi + \frac{1}{\lambda} - \frac{\lambda}{4} + \frac{\lambda}{4}\cos 2\varphi\right)$$

$$v_C = -l\omega\left(\sin\varphi + \frac{\lambda}{2}\sin 2\varphi\right)$$

$$a_C = -l\omega^2(\cos\varphi + \lambda\cos 2\varphi)$$

式中：$\omega=\frac{2\pi N}{60}$；N 为实测得到的平均转速；λ 为曲柄与连杆的长度比；l_1 为实测的曲柄长度。

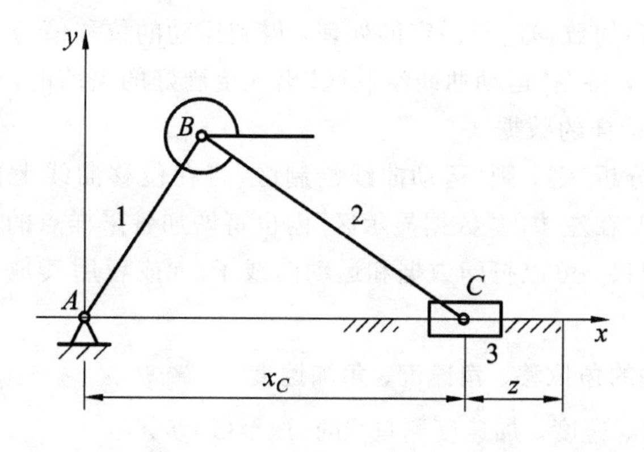

图 2-4-9　曲柄滑块机构示意图

计算当 φ 为 30°、60°、90°、120°、150°、180°时的理论近似值(x_C、v_C、a_C)，与实测取得数值进行比较，分析造成误差的原因。

(2) 实测曲柄滑块机构及曲柄导杆滑块机构的线位移 x、线速度 v、线加速度 a 及曲柄的角位移 φ、角速度 ω、角加速度 ε 等 6 条曲线，同时测量曲柄的平均转速 N 及回转不匀率 E。比较加上导杆前后所产生的不同的曲线形态，分析导致曲线形态改变的原因。

(3) 了解光电脉冲编码器及同步兼角位移传感器的结构及工作原理。

六、实验操作步骤

1. 滑块位移、速度、加速度测量

(1) 将光电脉冲编码器输出的5芯插头及同步脉冲发生器输出的5芯插头分别插入测试仪的相对应接口上。

(2) 把串行传输线一头插在计算机任一串口上，另一头插在实验仪的串口上。

(3) 打开QTD-Ⅲ型组合机构实验仪上的电源，此时带有LED数码管显示的面板上将显示“0”。

(4) 打开个人计算机，也可以联入打印机。

(5) 启动机构。在机构电源接通前应将电机调速电位器逆时针旋转至最低速位置，然后接通电源，并顺时针转动调速电位器，使转速逐渐加至所需的值(否则易烧断保险丝，甚至损坏调速器)，显示面板上实时显示曲柄轴的转速。(要求在一个测试周期内完成一个完整的机构运动循环周期，以保证采样数据的完整性。)

(6) 机构运转正常后，就可在计算机上进行操作了。

(7) 请先熟悉系统软件的界面及各项操作的功能。(参阅操作系统软件简介。)

(8) 选择好串口，并在弹出的采样参数设置区内选择相应的采样方式和采样常数。可以选择定时采样方式，采样时间常数有10个选择挡(分别是：2 ms、5 ms、10 ms、15 ms、20 ms、25 ms、30 ms、35 ms、40 ms、50 ms)，比如选25 ms；也可以选择定角度采样方式，采样的角度常数有5个选择挡(分别是：2°、4°、6°、8°、10°)，比如选择4°。

(9) 按下“采样”按键，开始采样，一个采样周期完成240个采样点的数据采集。(请等若干时间，此时测试仪在接收到PC的指令后开始进行对机构运动的采样，并回送采集的数据给PC，PC对收到的数据进行一定的处理，得到运动的位移值。)

(10) 当采样完成，将在“运动曲线绘制区”出现绘制好的当前的位移曲线，且在左边的“数据显示区”内显示采样的数据。

(11) 按下“数据分析”键，则“运动曲线绘制区”将在位移曲线上再逐渐绘出相应的速度和加速度曲线，同时在左边的“数据显示区”内也将增加各采样点的速度和加速度值。

(12) 打开打印窗口，可以打印数据和运动曲线了。(或者用其他方式记录实验数据与机构运动曲线。)

2. 运动机构主轴的角位移、角速度、角加速度

(1) 同“滑块位移、速度、加速度测量 ”的(1)至(7)步。

(2) 选择好串口，在弹出的采样参数设置区内，选择中间窗口的一栏，角度常数选择有5挡(2°、4°、6°、8°、10°)，选择所需的角度档，比如选择4°。

(3) 同“滑块位移、速度、加速度测量 ”的(9)、(10)、(11)、(12)步，分别在“运动曲线绘制区”显示相应的角位移、角速度和角加速度曲线，同时在左边的“数据显示区”内显示出角位移、角速度和角加速度的测试数值。

3. 转速及回转不匀率的测试

(1) 同“滑块位移、速度、加速度测量 ”的(1)至(7)步。

(2) 选择好串口，在弹出的采样参数设置区内，应该选择最右边的一栏，角度数选择

有 5 挡(2°、4°、6°、8°、10°)，选择其中的一挡，比如选择 6°。

(3) 同“滑块位移、速度、加速度测量”的(9)、(10)、(11)、(12)步，不同的是“数据显示区”不显示相应的数据。

七、思考题

1. 机构运动分析的目的是什么?

2. 研究平面机构运动分析的方法有几种? 各有哪些优缺点?

3. 线位移传感器是如何将线位移机械量转换成电信号的?

4. 角位移传感器是如何将角位移机械量转换成电信号的?

5. 造成实验结果与理论计算之间误差的原因有哪些(对实测运动曲线图进行分析)?

6. 测绘出曲柄滑块机构和曲柄导杆机构的运动简图，并分析两种机构的运动曲线图有何异同点及造成曲线图形态改变的根本原因。

7. 实验后有何感想和建议?

实验五　渐开线齿轮范成原理实验

在多种机械中，直齿圆柱齿轮机构是用来传递两平行轴间的运动和动力的，并且传动平稳可靠，效率也高，是一种广泛应用的机构。通过渐开线齿轮的范成实验，有助于加深对齿轮加工和啮合原理的理解。

一、实验目的

(1) 掌握用范成法制造渐开线圆柱齿轮的基本原理。

(2) 了解渐开线圆柱齿轮产生根切现象的原因和避免根切的方法。

(3) 分别比较标准齿轮和变位齿轮的异同点。

二、实验仪器及工具

(1) 齿轮范成仪、剪刀。

(2) 绘图纸(270 mm×270 mm)、铅笔(H 并削尖)、圆规、橡皮、三角板(自备)。

三、齿轮范成仪结构及原理

1. 范成仪结构

齿轮范成仪的结构如图 2-5-1 所示。齿轮范成仪所用刀具是齿条插刀，为有机玻璃插刀模型，圆盘 1 与齿条拖板 4 带动盘后齿轮 2 一同转动，从而形成圆盘相对于齿条拖板的运动，如同被加工齿轮坯相对于齿条插刀的运动一样。在齿条拖板上由 2 只蝶形螺母安装和固定有机玻璃刀具 3，松开螺母则可调节齿条中线与轮坯中心的距离。

齿条插刀的参数：模数 $m=20$ mm，压力角 $\alpha=20°$，齿顶高系数 $h_a^*=1$，径向间隙系数 $c^*=0.25$，被加工齿轮的分度圆直径 $d=200$ mm，故齿数 $z=d/m=200/20=10$。齿条刀具形态如图 2-5-2 所示。

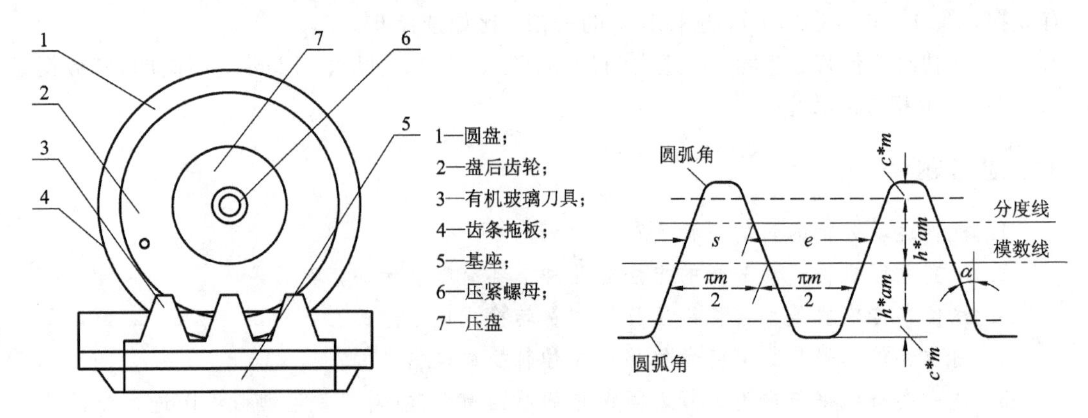

图 2-5-1　范成仪结构示意图　　　图 2-5-2　齿条刀具形态示意图

被切齿轮毛坯如图 2-5-3 所示。

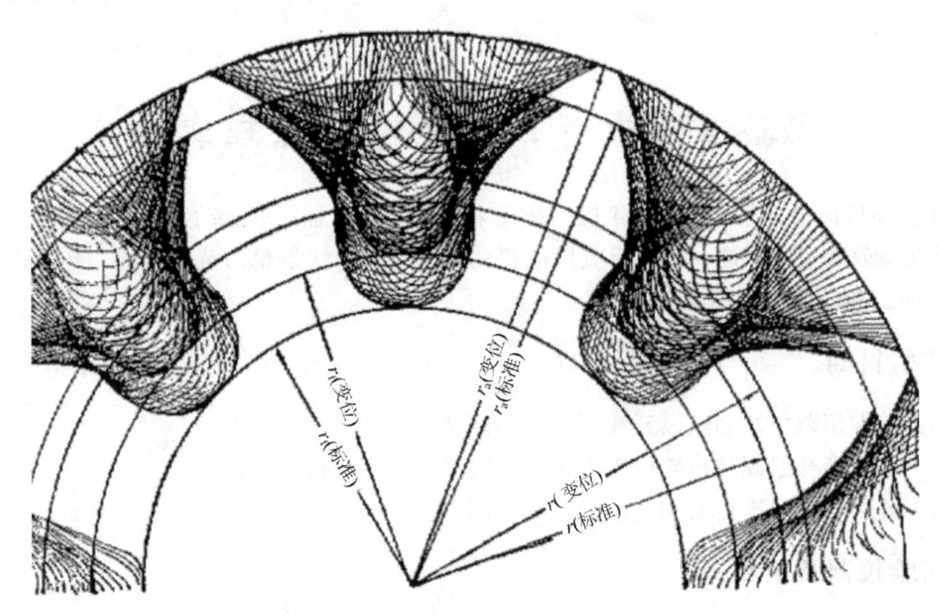

图 2-5-3　被切制齿轮毛坯示意图

2. 齿轮范成原理

范成法是根据齿廓基本定律及渐开线的性质而定的，它是利用一对齿轮相啮合时其共轭齿廓互为包络线的原理进行轮齿加工的一种方法。加工时其中一轮为刀具，另一轮为齿轮坯，它们保持固定的角速比传动，完全和一对真正的齿轮互相啮合传动一样，同时刀具还沿轮坯的轴向作切削运动，这样所制得齿轮的齿廓就是刀具刀刃在轮坯各个位置的包络线。若用渐开线齿廓作为刀具轮廓，则其包络线亦必为渐开线。由于实际加工时，看不到刀刃在各个位置形成包络线的过程，故通过齿轮范成仪来实现轮坯与刀具之间的传动过程，并用铅笔将刀具刀刃在轮坯上各个位置的投影记录在绘图纸上，这样我们就能清楚地观察到齿轮范成的全过程。范成法使用的齿轮插刀或者齿条插刀，其刀具的顶部要比正常齿高出 $c^* m$，以便切出齿轮的径向间隙部分(齿顶隙与齿根隙)。它们的特点是：模数 m 相等，齿距 p(mm)相等，压力角 α(20°)相等。用齿轮插刀或齿条插刀生产率低(为插齿加工)，而用齿轮滚刀因能连续切削，故此生产率高(为滚齿加工)。用切削法加工齿轮应用广泛。

3. 渐开线特性及渐开线齿轮的切齿原理

(1) 渐开线的特性有：

① 渐开线上任意点的法线总与基圆相切。

② 发生线在基圆上滚过的一段长度等于基圆被滚过的一段弧长。

③ 渐开线齿廓上某点的法线(压力方向线)与齿廓上该点速度方向线所夹的锐角为该点的压力角。

④ 渐开线的形状取决于基圆的大小，基圆越大，则它的渐开线的曲率半径就越大，反之就越小。

⑤ 基圆内无渐开线。

(2) 渐开线齿轮的切齿是根据齿廓啮合基本定律及渐开线的特性来加工齿轮的。渐开线轮廓一定满足角速比要求，渐开线齿轮的正确啮合条件是两轮的模数 m 和压力角 α 必须分别相等。即 $m_1=m_2$，$\alpha_1=\alpha_2$，这样一对齿轮的传动比可表示为

$$i=\frac{\omega_1}{\omega_2}=\frac{d_2}{d_1}=\frac{z_2}{z_1} \tag{2-5-1}$$

即

$$i=\frac{\omega_{刀}}{\omega_{坯}}=\frac{z_{坯}}{z_{刀}} \tag{2-5-2}$$

齿廓啮合基本定律：一对传动齿轮的瞬时角速度与其连心线 O_1O_2 被齿廓接触点公法线所分割的两线段长度成正比(如图 2-5-4 所示)，即

$$i=\frac{\omega_1}{\omega_2}=\frac{O_2C}{O_1C} \tag{2-5-3}$$

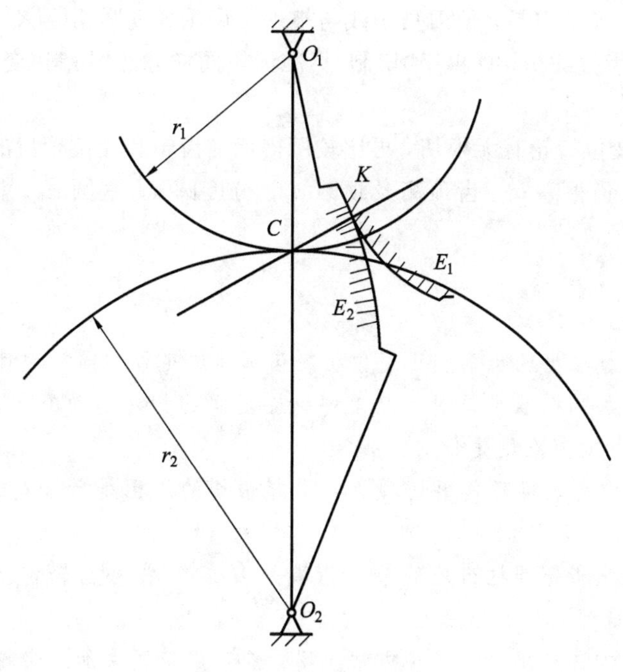

图 2-5-4　齿廓啮合原理示意

四、实验步骤

(1) 把准备好的在 360°圆周上分成三部分的纸，画有正变位、负变位、标准齿轮的分度圆 r、基圆 r_b、顶圆 r_a 及根圆 r_1 的图纸剪成比顶圆直径 d_a 略大 1、2 mm 的图纸作为轮坯，轮坯中心安装孔 $d=50$ mm。

(2) 如图 2-5-1 所示，旋下压紧螺母 6 及压盘 7，把代表标准齿轮轮坯的图纸放在圆盘上；对准圆心，然后装上压盘 7，拧紧螺母 6。

(3) 将刀具中线调整至与被加工齿轮分度圆相切的位置，或者使刀具的齿顶圆与被加工齿轮的齿根圆相切的位置。

(4) 开始"切制"齿轮齿廓时，可先把拖板推至范成仪的一端，然后每当拖板向范成仪另一端移动 2～3 mm 时，即在代表轮坯的图纸上用铅笔描下刀具刀刃在轮坯上的投影，直到形成 3 个完整的标准齿廓时为止。在上述过程中应注意观察轮坯上齿廓形成的全过程。

(5) 观察有无根切现象，如有根切，则分析其原因，并计算不发生根切的最小变位系数 X_{min}。求最小变位系数公式是 $X_{min}=(z_{min}-z)/z_{min}=(17-10)/17\approx0.412$。在一般情况下渐开线标准圆柱直齿齿轮的最小齿数 z_{min}为

当 $\alpha=20$、$h_a^*=1$ 时，外齿轮 $z_{min}=17$，内齿轮 $z_{min}=34$；

当 $\alpha=20$、$h_a^*=0.8$ 时，外齿轮 $z_{min}=14$，内齿轮 $z_{min}=27$；

当 $\alpha=15$、$h_a^*=1$ 时，外齿轮 $z_{min}=30$；

当 $\alpha=15$、$h_a^*=0.8$ 时，外齿轮 $z_{min}=24$。

(6) 松开压紧螺母，转动轮坯，至另一部分，再拧紧螺母，进行"切制"变位齿轮的齿廓。计算最小移距量，负变位取 $X_m=-5$ mm。

(7) 松开螺母，调节刀具，使刀具中线与被加工齿轮分度圆相距 X_m。或者使刀具的齿顶线与加工齿坯的齿根圆相切。再用"切制"标准齿轮同样方法"切制"变位齿轮，直到形成 3 个完整的变位轮齿为止。

(8) 观察一下变位齿轮有无根切，再比较所得标准齿轮和变位轮齿的齿厚 s、齿槽宽 e、齿距 p、齿顶厚 s_a、齿根高 h_f、齿顶高及顶圆 d_2、分度圆 d、基圆 d_b、根圆 h_f的相对变化特点。

五、思考题

1. 实验得到的标准齿轮齿廓和正变位齿轮齿廓曲线是否相同？为什么？

2. 用齿轮刀具加工标准齿轮时，刀具和轮坯之间的相对运动有何要求？为什么？标准齿轮和变位齿轮的对刀准则是什么？

3. 通过实验，你有无观察到根切现象？引起根切的原因是什么？避免根切的方法有哪些？

4. 渐开线标准直齿轮圆柱齿轮的最小齿数是多少？(指外齿轮包括短齿)。齿条刀具与标准齿条的区别是什么？其作用是什么？

5. 齿轮加工的方法有哪些？哪种方法应用最广？用范成法加工齿轮有哪些运动？

6. 渐开线有哪些特性？

实验六　渐开线直齿圆柱齿轮参数测量与分析实验

齿轮传动的精度与齿轮、轴、箱体和轴承等零部件有关，尤其是齿轮本身的精度对保证齿轮传动性能起着重要的作用。齿轮传动性能的要求包括传动运动的准确性(运动精度)、传动的平稳性(平稳性精度)、载荷分布的均匀性(接触精度)以及合理的齿轮副侧隙等，这些精度的保障都基于设计和制造的精度。本实验从设计的角度出发，从齿轮参数的测量入手使学生理解和掌握齿轮设计的过程，增强工程意识。

一、实验目的

(1) 熟练掌握用机械通用量具测量齿轮几何参数的基本技能与使用方法。

(2) 掌握和理解渐开线齿轮的若干重要概念和计算公式。

(3) 通过测量和计算，熟练掌握齿轮几何尺寸的计算方法，明确齿轮各几何尺寸间的关系，加深对渐开线性质的理解和认识，并培养运用所学知识解决实际生产问题的能力和实际操作的技能。

(4) 掌握渐开线标准直齿圆柱齿轮与变位齿轮的判别方法，理解测量齿轮参数的方法在工程上有重要的实用价值。

二、实验要求

(1) 学生在实验课前应预习教材中的有关内容；

(2) 选择两个以上齿轮(奇数齿和偶数齿的齿轮至少各一个)，最好是有齿顶降低($\sigma>0$)的变位齿轮；

(3) 实验课中应掌握正确的测量方法，记录好实验数据；

(4) 实验课后将数据加以整理，计算出实验结果，自己设计表格形式，写出实验报告。

三、实验用具

(1) 渐开线齿轮参数测定实验箱，内含被测齿轮和游标卡尺、齿轮卡尺等测量工具。待测齿轮：模数制正常齿渐开线直齿圆柱齿轮($h_a^*=1$、$c^*=0.25$)，亦可用标准齿轮代替。

(2) 量具：游标卡尺、公法线长度百分尺。

(3) 笔、纸、渐开线函数表、计算器(学生自备)。

四、实验内容

(1) 测量齿轮的齿顶圆直径 d_a、齿根圆直径 d_f 和跨齿数 k 及($k+1$)个齿的公法线长度 W'_k 和 W'_{k+1}。

(2) 根据测得的数据，运用所学的知识推算出被测齿轮的参数 m、α、h_a^*、c^*、x、X 和 σ。

(3) 判断所测齿轮是标准齿轮还是变位齿轮。

(4) 分析测量误差。

五、参数测量方法及过程

1. 确定齿数 z

齿数 z 可直接从待测齿轮上数出。为避免失误，至少应数三遍。齿顶圆直径 d_a 和齿根圆直径 d_f 用游标卡尺测量。为减少测量误差，同一数据应在不同位置上测量三次，然后取其算术平均值。

2. 测量方法

(1) 当齿数 z 为偶数时，d_a和 d_f可用游标卡尺在待测齿轮上直接量出，如图 2-6-1(a)所示。

(2) 当齿数 z 为奇数时，不能通过直接测量得到 d_a和 d_f的准确值，而需采用间接测量方法，如图 2-6-1(b)所示。先量出齿轮轴孔的直径 D，再分别量出孔壁到某一齿顶的距离 H_1和孔壁到某一齿根的距离 H_2。则 d_a和 d_f可按式(2-6-1)和式(2-6-2)计算出来：

$$d_a = D + 2H_1 \text{(mm)} \tag{2-6-1}$$

$$d_f = D + 2H_2 \text{(mm)} \tag{2-6-2}$$

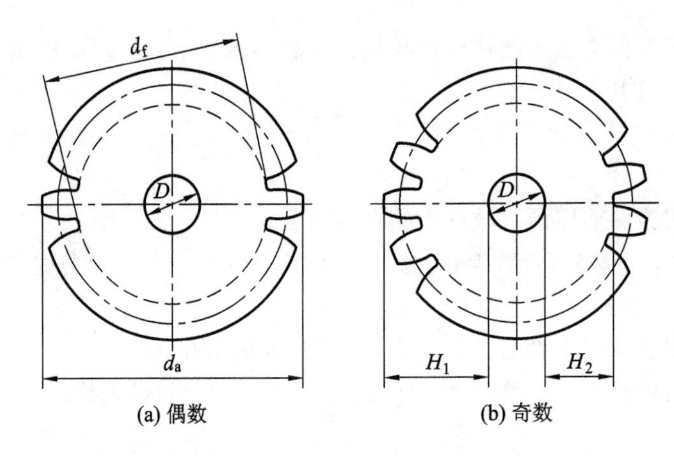

图 2-6-1　齿轮测量方法

(3) 计算全齿高 h。

对于偶数齿：

$$h = \frac{1}{2}(d_a - d_f) \text{ (mm)} \tag{2-6-3}$$

对于奇数齿：

$$h = H_1 - H_2 \text{(mm)} \tag{2-6-4}$$

(4) 测定公法线长度 W'_k 和 W'_{k+1}。

公法线 W_k 的长度是在基圆柱切平面(公法线平面)上跨 k 个齿(针对外齿轮)或跨 k 个齿槽(针对内齿轮)在接触到一个齿的右齿面和另一个齿的左齿面的两个平行平面之间测得的距离。这个距离在两个齿廓间沿所有法线都是常数。

用 W'_k 表示实际测量的公法线。

3. 用公法线千分尺(或游标卡尺)测量

用公法线千分尺(或游标卡尺)按图 2-6-2 所示的方法测量。

首先，根据被测齿轮的齿数 z，从直齿圆柱标准齿轮的跨齿数和公法线长度表(附表1)中查出相应的标准齿轮的跨齿数 k，然后，按图 2-6-2 所示的方法测量出跨 k 个齿时的公法线长度 W'_k。为减少测量误差，W'_k 值应在齿轮一周的三个均分部位上测量三次，并取其算术平均值。

按同样的方法再测量出跨($k+1$)个齿时的公法线长度 W'_{k+1}。为避免公法线长度变动量的影响，应在齿轮一周的三个相同部位上分别测出 W'_k 和 W'_{k+1} 值。

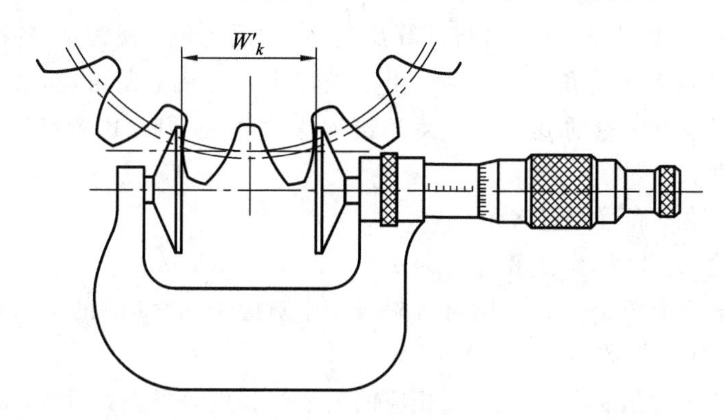

图 2-6-2　公法线千分尺

4. 推算被测齿轮的参数

(1) 确定模数 m 和压力角 α。

要确定 m 和 α，首先应测出基圆齿距 p_b，因渐开线的法线切于基圆，故由图 2-6-3 可知，基圆切线与齿廓垂直。因此，用游标卡尺跨过 k 个齿，测得齿廓间的公法线距离为 W_k mm，再跨过 $k+1$ 个齿，测得齿廓间的公法线距离为 W_{k+1} mm。为保证卡尺的两个卡爪与齿廓的渐开线部分相切，跨齿数 k 应根据被测齿轮的齿数参考表 2-6-1 确定。测量方法如图 2-6-4 所示。

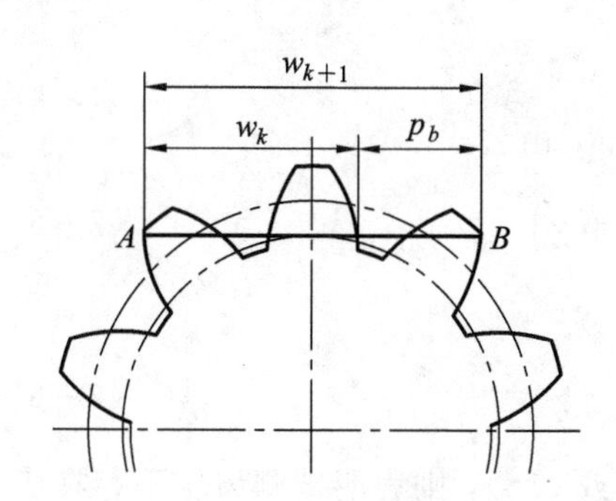

图 2-6-3　渐开线的法线切于基圆

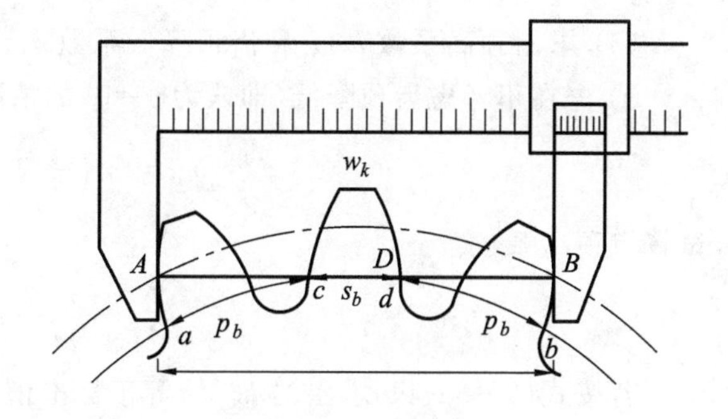

图 2-6-4　测量方法

表 2-6-1　跨齿数与被测齿轮齿数的对应关系

z	12～18	19～27	28～36	37～45	46～54	55～63	64～72	73～81
k	2	3	4	5	6	7	8	9

由渐开线的性质可知，齿廓间的公法线长度与所对应的基圆上圆弧长度相等，因此得

$$w_k = (k-1)p_b + s_b \tag{2-6-5}$$

同理

$$w_{k+1} = kp_b + s_b \tag{2-6-6}$$

消去 s_b，则基圆齿距为

$$p_b = w_{k+1} - w_k \tag{2-6-7}$$

按下述公式，由测量得出的 W'_k 和 W'_{k+1} 值计算出被测齿轮的齿距 p_b：

$$p_b = W'_{k+1} - W'_k = \pi m \cos\alpha(\text{mm})$$

在基圆齿距表(见附表 2)中查出与计算出的 p_b 相近的值，视为 p_b 的准确值，同时查出与之对应的模数 m 和压力角 α。(注意：由于被测齿轮为模数制齿轮，故计算出的 p_b 值不可能与表中的径节制齿轮的 p_b 值相近，若出现这种情况，则是由测量误差过大所致，应重新检查测量数据。)

(2) 求变位系数 χ 和移距量 X。

先求标准齿轮的公法线长度 W_k 值：

若被测齿轮的压力角 $\alpha = 20°$，则可查附表 1 中对应于 $m=1$ 时的 z 和 k 的公法线长度值，再乘以被测齿轮的模数值 m，即得 W_k。

若被测齿轮的压力角 $\alpha \neq 20°$，又无相应的公法线长度表可查，则 W_k 值应按下式计算出来：

$$W_k = m\cos\alpha[(k-0.5)\pi + z\,\text{inv}\alpha] \tag{2-6-8}$$

式中

$$\text{inv}\alpha = \alpha - \text{tg}\alpha$$

根据求出的 W_k 值和测量得出 W'_k 值，即可按式(2-6-9)推算出被测齿轮的变位系数 χ 为

$$\chi = \frac{W'_k - W_k}{2m\sin\alpha} \tag{2-6-9}$$

移距量 X 为

$$X = \chi m$$

(3) 求齿顶高系数 h_a^*，和齿顶降低系数 σ。

① 先在不考虑齿顶降低(即认为 $\sigma=0$)的情况下，由公式

$$r_a = m\left(\frac{z}{2} + h_a + \chi\right) \tag{2-6-10}$$

试算齿顶高系数：

$$h_a^* = \frac{r_a}{m} - \frac{z}{2} - \chi \tag{2-6-11}$$

若按式(2-6-11)求出的 h_a^* 恰等于标准值(1 或 0.8)，则表明被测齿轮不存在齿顶降低，即 $\sigma=0$。

若按式(2-6-11)算出的 h_a^* 值略小于 1(或略小于 0.8)，则表明存在齿顶降低($\sigma>0$)。这时，应按下述方法求出 h_a^* 和 σ。

② 根据上述算出的结果，取 $h_a^*=1$(或取 $h_a^*=0.8$)，然后由式(2-6-12)和式(2-6-13)计算其齿顶降低系数

$$r_a = m\left(\frac{z}{2} + h_a^* + \chi - \sigma\right) \tag{2-6-12}$$

$$\sigma = \frac{z}{2} + h_a^* + \chi - \frac{r_a}{m} \tag{2-6-13}$$

(4) 求顶隙系数 c^*。

由公式

$$r_f = m\left(\frac{z}{2} - h_a^* - c^* + \chi\right) \tag{2-6-14}$$

即可推算出被测齿轮的顶隙系数

$$c^* = \frac{z}{2} + \chi - h_a^* - \frac{r_f}{m} \tag{2-6-15}$$

若按式(2-6-15)算出的 c^* 不等于 0.25(或 0.3 及其他标准值)，亦应将它圆整为标准值(偏差是由 r_f 的测量误差造成的)。

六、实验步骤

实验步骤可按图 2-6-5 所示进行。

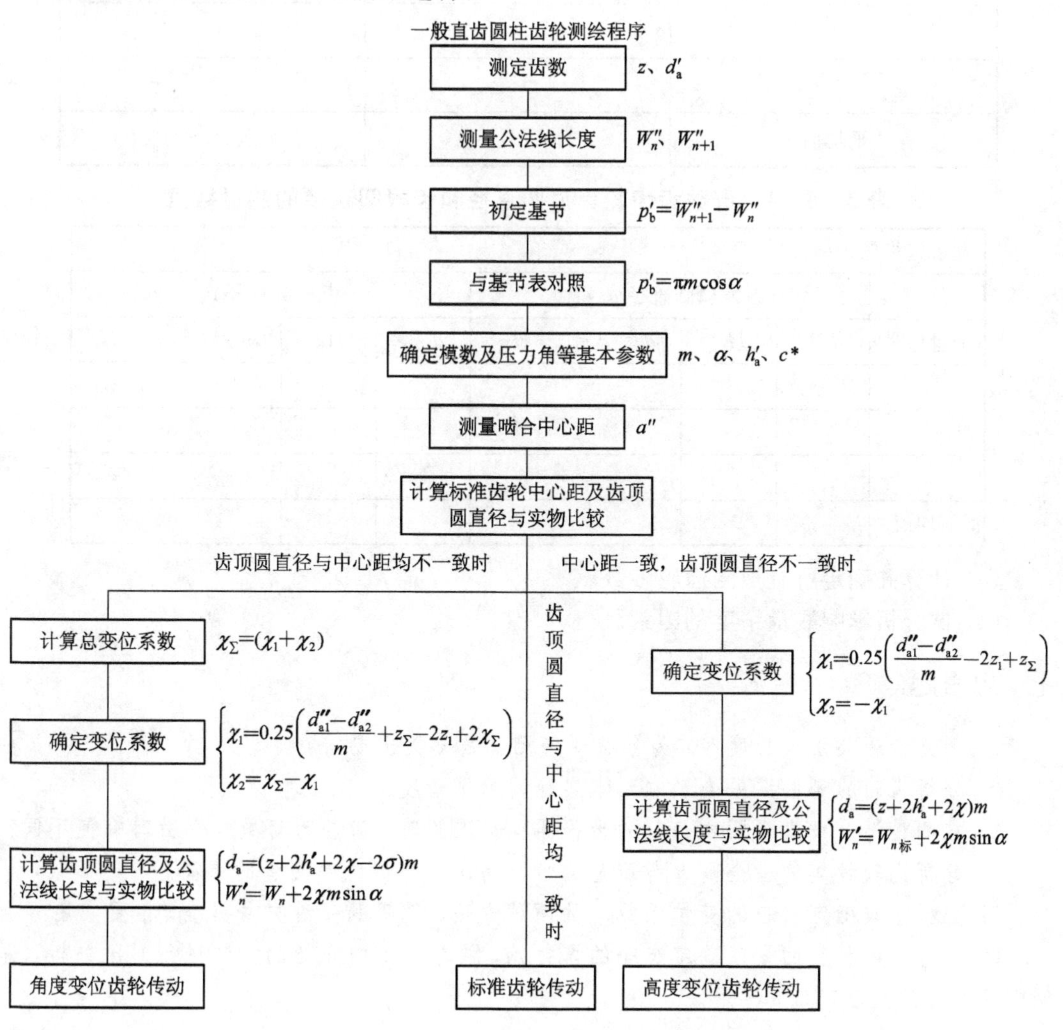

图 2-6-5

（1）直接数出被测齿轮的齿数 z。

（2）测量 W_k、W_{k+1} 及 d_a 和 d_f，每个尺寸应测量三次，分别填入表 2-6-2～表 2-6-4。

表 2-6-2　公法线测量数据

齿轮号数 No：			齿轮齿数 z=	
	第一次	第二次	第三次	平均值
W_k				
W_{k+1}				

表 2-6-3　偶数齿齿轮齿顶圆直径和齿根圆直径的测量数据

偶数齿齿轮 z=		
测量序号	齿顶圆直径 d_a	齿根圆直径 d_f
1		
2		
3		
平均值		

表 2-6-4　奇数齿齿轮齿顶圆直径和齿根圆直径的测量数据

奇数齿齿轮 z=						
	齿顶圆直径 d_d			齿根圆直径 d_f		
测量序号	d 孔	$H_顶$	$d_a = d$ 孔 $+ 2H_顶$	d 孔	$H_根$	$d_f = d$ 孔 $+ 2H_根$
1						
2						
3						
平均值						

（3）计算并确定所有被测齿轮参数。

（4）试分析影响测量精度的因素。

七、思考题

1. 测量齿轮公法线长度时，为什么对跨测齿数 k 提出要求？
2. 分析齿轮的哪些误差会影响到本实验的测量精度？
3. 在测量渐开线直齿圆柱齿轮的齿根圆和齿顶圆时，齿数为奇数和偶数时有何不同？
4. 分析比较计算的齿全高 h 与测量的齿全高 h'，分析说明两者的不同。
5. 分析比较确定齿轮的变位系数 χ 的两种方法，说明哪一种方法更准确、更实用。
6. 设计出一种新的方法确定齿轮的模数 m，并与实验中介绍的方法进行对比分析，说明哪一种方法更准确、更实用。

实验七　刚性转子动平衡实验

刚性转子的平衡实验包括刚性回转体的静平衡实验、软支承动平衡实验和硬支承动平衡实验(本实验仅研究刚性转子的动平衡现象)。组成机械的运动构件中，按其运动方式可分为三种：做定轴转动的构件、做往复移动的构件和做平面运动的构件。对于做定轴转动的构件，如果回转轴线与其中心主惯性轴线不重合时，构件上各点所产生的惯性力可以合成为通过质心的惯性主矢和惯性主矩。这些力将使转动构件的轴承处产生压力，加剧了轴承的磨损，降低了轴承的使用寿命，同时也加剧了机械振动并引起了噪声。当转动的角频率接近系统的固有频率时还会引起机械系统的共振，导致机械系统的崩溃或损坏。消除或减少机械系统中的构件所产生的惯性力，提高机械的工作性能，是研究机械平衡的目的。

设转子的宽度为 b，直径为 d，当 $b/d \leqslant 1/5$ 时，可不考虑转子的宽度影响，惯性力偶矩可忽略不计。这类转子形状为圆盘状，其质量分布可认为在同一平面内。偏心重所产生的静力矩使其质心趋于下方，也就是说这类转子的不平衡现象在静止状态即可表现出来。就像自行车后轮一样，静止时气门芯的位置停在下方，因此，称这类转子的平衡为静平衡。由于静平衡时可以认为转子上的不平衡力集中在一个平面内，故又称静平衡为单面平衡。静平衡是惯性力的平衡。

若转子的宽度 b 很大，当 $b/d > 1/5$ 时，转子的宽度不能忽略，惯性力偶矩的影响也不能忽略不计。这类长圆柱形转子的不平衡现象在静止时不易显示出来，只有在运转过程中才有明显的不平衡特征，故称此类转子的平衡为动平衡。动平衡是惯性力和惯性力偶矩的平衡。

静平衡仅消除了惯性力的影响，经过静平衡的转子不一定能满足动平衡的条件，在机械设计时要予以注意。经过平衡实验的转子还会存在一些残存的不平衡量，即剩余的不平衡量。绝对的平衡是很难做到的，即很难做到使转子的中心主惯性轴线与回转轴线完全重合。实际上也没有必要做到转子的完全平衡，只要满足实际工作要求就可以了，因此，应该对转子的许用不平衡量作出相应的规定。根据转子的平衡精度规定转子的许用不平衡量，只要转子的剩余不平衡量小于许用不平衡量就可以满足工作要求。

一、实验目的

(1) 巩固动静平稳的理论知识；

(2) 了解刚性转子不平衡的危害；

(3) 了解刚性转子不平衡的应用；

(4) 熟悉动平衡机的工作原理及转子动平衡的基本方法。

二、实验设备及其性能、技术参数

1) 实验设备

设备为 DHP-Ⅰ型智能动平衡机。

2) 主要技术性能

(1) 虚拟智能化测试仪，仪器界面。

(2) 硬支承动平衡采用 A、B、C 尺寸解算，永久定标具有六种支承方式。

(3) 运行状态实时提示。

(4) 具有剩余不平衡量允差设置功能，自动提示合格。

3) 主要技术参数

(1) 工件质量范围(kg)：0.1～5；

(2) 工件最大外径(mm)：ϕ260；

(3) 两支承间距离(mm)：50～400；

(4) 支承轴径范围(mm)：ϕ3～30；

(5) 圈带传动处轴径范围(mm)：ϕ25～80；

(6) 电机功率(kW)：0.12；

(7) 平衡转速：约 1200 r/min，2500 r/min 两挡；

(8) 最小可达残余不平衡量≤0.03 g；

(9) 一次减低率：≥90%；

(10) 测量时间：最长 3 s。

三、实验内容

(1) 对试验机上已安装实验试件做动平衡实验。

(2) 打印实验参数及试验结果，做动平衡分析。

(3) 对自选回转型零件，在粗糙度达到要求的情况下，做动平衡试验。(选做)

四、动平衡目的及原理

1. 动平衡的目的

当构件作机械运动时，由于构件的材料、结构的不均匀而产生的离心惯性力或惯性力偶矩的振动频率接近振动系统固有频率时，有可能引起共振而使整个机器被破坏，甚至影响周围建筑物、设备及人身安全。因此必须克服由于结构材料的不均匀而产生的离心惯性力，从而保证机器的回转精度，使人身、设备、建筑物保证绝对安全。所以对高速回转构件一定要做动平衡。

2. 动平衡原理

理论上已阐明，任何回转构件的动不平衡都可以认为是分别处于两个任选的回转平面 T' 和 T'' 内的不平衡质量 m' 和 m'' 所产生的，因此，进行动平衡试验时便可以不管被平衡构件的实际不平衡质量所在位置及其大小如何，只需要根据实际外形的许可，选择两回转平面作为平衡校正平面，且把不平衡质量看做处于该两平衡平面之中的 m' 和 m''，然后针对 m' 和 m'' 进行平衡就可达到目的。

3. 硬支承动平衡机原理

1) 不平衡力从测量平面到校正平面上的换算

在硬支承动平衡机中，轴承支架的刚度较高。由于不平衡量所产生的离心力，不能使轴承支架产生摆动。因而工件与轴承支架几乎不产生振动偏移，这样不平衡力就可以被认为是作用在简支梁上的静力，因此就能用单纯静力学的原理来分析工件的平衡条件。

根据刚性转子的平衡原理，一个动不平衡的刚性转子，总可以在与旋转轴垂直而不与转子重心相重合的两个校正面上减去或加上适当的质量来达到动平衡。转子旋转时，支撑架上的轴承受到不平衡的交变压力，它包含着不平衡的大小和相位的信息。

为了精确、方便、迅速地测量转子的动不平衡，通常把这一非电量的测量转换成电量检查。本实验机用压电传感器作为机电换能器。由于压电传感器是装在支承轴承处，故测量平面位于支承平面上。但转子的两个校正平面，要根据各种转子的工艺要求(如形状、校正手段等)，一般选择在轴承以外的各个不同位置上。所以有必要把支承处测量到的不平衡力信号换算到两个校正平面上去。这可以利用上述静力学原理来实现。

2) 校正平面不平衡相互影响的消除

硬支承动平衡机中，工件两校正平面不平衡的相互影响是通过两校正平面间距离("b")和校正平面至左、右支承中心间距离("a"和"c")的确定来消除的，而"a"、"b"、"c"这几个几何参数可以很快地从被平衡的转子上测量确定，故动平衡效率得以大大提高。

3) 校正平面上不平衡量的计算

转子形状和装载方式如图 2-7-1 所示。

$F_L F_R$——左、右支承轴承上承受的动压力；$f_L f_R$——左、右校正平面上不平衡质量产生的离心力；m_L、m_R——左、右校正平面上的不平衡质量；a、c——左、右校正平面至支承轴支承点之间的距离；b——左、右校正平面之间的距离；r_1、r_2——左右校正平面的半径；ω——旋转角速度。

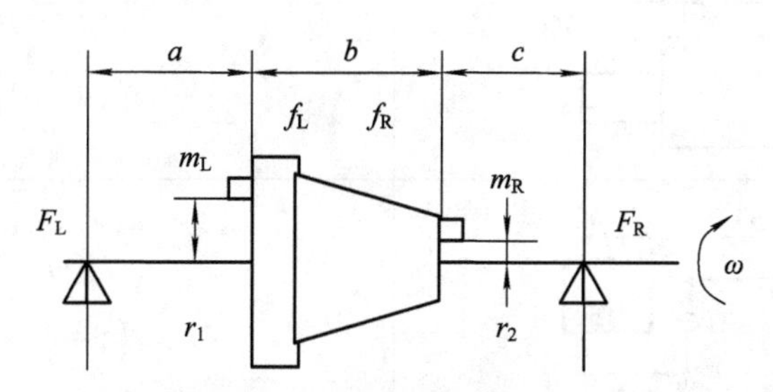

图 2-7-1　转子形状和装载方式示意图

若已知 a、b、c、r_2、r_1 和 F_L、F_R(可由传感器测得)时，就可以求解 m_L、m_R。当跟刚性转子处于动平衡时，必须满足 $\sum F=0$，$\sum M=0$ 的初始条件，对于硬支承平衡机则可按静力学原理列出下列方程：

$$F_L + F_R - f_L - f_R = 0 \qquad (2-7-1)$$

$$F_L a + f_R b - F_R (b+c) = 0 \qquad (2-7-2)$$

由式(2-7-2)得

$$f_R = \left(1+\frac{c}{d}\right)F_R \frac{a}{b}F_L \qquad (2-7-3)$$

将式(2-7-3)代入式(2-7-1)可得

$$F_L = \left(1+\frac{a}{b}\right)F_L - \frac{c}{b}F_R \qquad (2-7-4)$$

显然

$$f_R = m_R r_2 \omega^2 \qquad (2-7-5)$$

$$f_L = m_L r_1 \omega^2 \tag{2-7-6}$$

将式(2-7-5)、式(2-7-6)分别代入式(2-7-3)、式(2-7-4)可得

$$m_R = \frac{1}{r_2\omega^2}\left[\left(1+\frac{c}{d}\right)F_R - \frac{a}{b}F_L\right] \tag{2-7-7}$$

$$m_L = \frac{1}{r_1\omega^2}\left[\left(1+\frac{a}{b}\right)f_L - \frac{c}{b}f_R\right] \tag{2-7-8}$$

公式(2-7-7)、(2-7-8)的物理意义：如果转子的几何参数(a、b、c、r_1、r_2)和平衡转速ω已确定，则校正平面上应加或减的校正质量，可以直接测量出来，并以“克”数显示。转子校正平面之间的相互影响是由支承和校正平面的位置尺寸a、b、c所确定的(式(2-7-7)、(2-7-8)中的$(a/b)F_L$和$(c/b)F_R$项)，故不需要校正转子和调整运转试验，就能在平衡前预先进行平面分离和校正。

上述两项物理意义恰好表明了硬支承平衡机所具有的特点。

根据不同形状的转子，按其校正平面与支承之间的相对位置，可以有六种不同的装载形式。这六种装载形式的平衡方程通过计算，可以得到四组用来模拟运算的方程式，见表2-7-1。

表2-7-1　六种装载形式

<table>
<tr><th>转子装载形式</th><th>模拟运算方程</th></tr>
<tr><td> 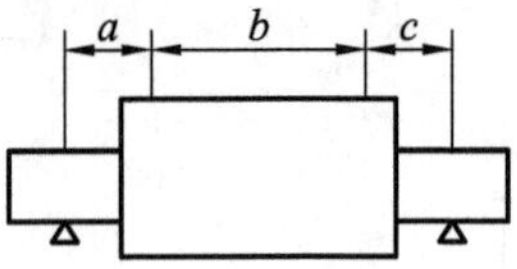</td><td>$f_L=\left(1+\frac{a}{b}\right)F_L-\frac{c}{b}F_R$
$f_R=\left(1+\frac{c}{b}\right)F_R-\frac{a}{b}F_L$</td></tr>
<tr><td> 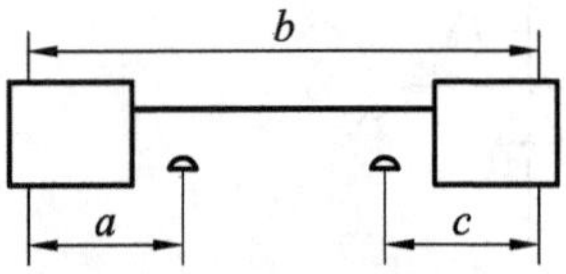</td><td>$f_L=\left(1-\frac{a}{b}\right)F_L+\frac{c}{b}F_R$
$f_R=\left(1-\frac{c}{b}\right)F_R+\frac{a}{b}F_L$</td></tr>
<tr><td> 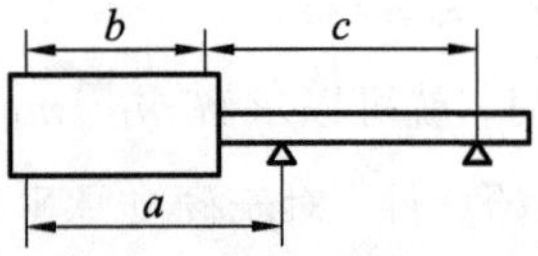</td><td rowspan="2">$f_L=\left(1-\frac{a}{b}\right)F_L-\frac{c}{b}F_R$
$f_R=\left(1+\frac{c}{b}\right)F_R+\frac{a}{b}F_L$</td></tr>
<tr><td> 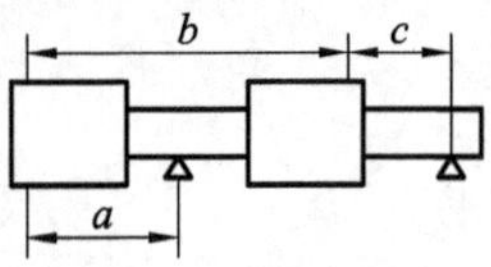</td></tr>
<tr><td> 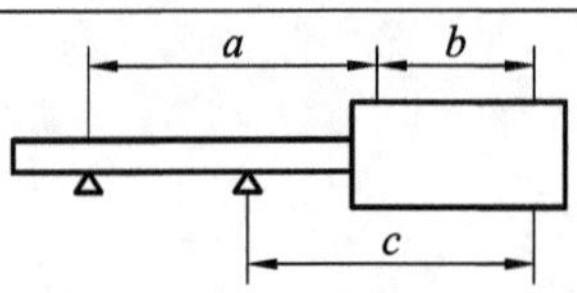</td><td rowspan="2">$f_L=\left(1+\frac{a}{b}\right)F_L+\frac{c}{b}F_R$
$f_R=\left(1-\frac{c}{b}\right)F_R-\frac{a}{b}F_L$</td></tr>
<tr><td> 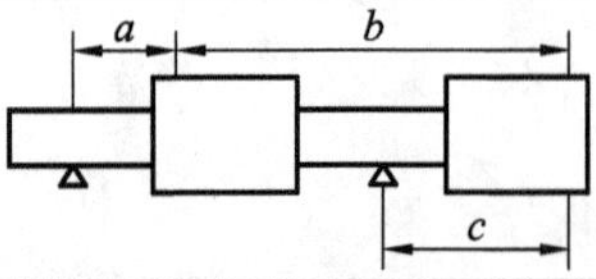</td></tr>
</table>

五、DPH-Ⅰ型智能动平衡机

1. 系统主要特点与工作原理

1）主要特点

该设备是一种创新的基于虚拟测试技术的智能动平衡实验系统，特别适用于教学动平衡实验。能在一个硬支承的机架上不经调整即可实现硬支承动平衡的A、B、C尺寸法解算和软支承的影响系数法解算，既可进行动平衡校正亦可进行静平衡校正。系统利用高精度的压电晶体传感器进行测量，采用先进的计算机虚拟测试技术、数字信号处理技术和小信号提取方法，达到智能化检测目的。得出实验结果后，可通过动态实时检测曲线了解实验的过程，通过人机对话的方式生动、形象地完成检测过程。

2）工作原理

系统由计算机、数据采集器、高灵敏度有源压电力传感器和光电相位传感器等组成，如图2-7-2所示。当被测转子在部件上被拖动旋转后，由于转子的中心惯性主轴与其旋转轴线存在偏移而产生不平衡离心力，迫使支承做强迫震动，安装在左右两个硬支撑架上的两个有源压电传感器感受此力而发生机电换能，产生两路包含有不平衡信息的电信号并输出到数据采集装置的两个信号输入端；与此同时，安装在转子上方的光电传感器产生与转子旋转同频同相的参考信号，通过数据采集器输入到计算机。

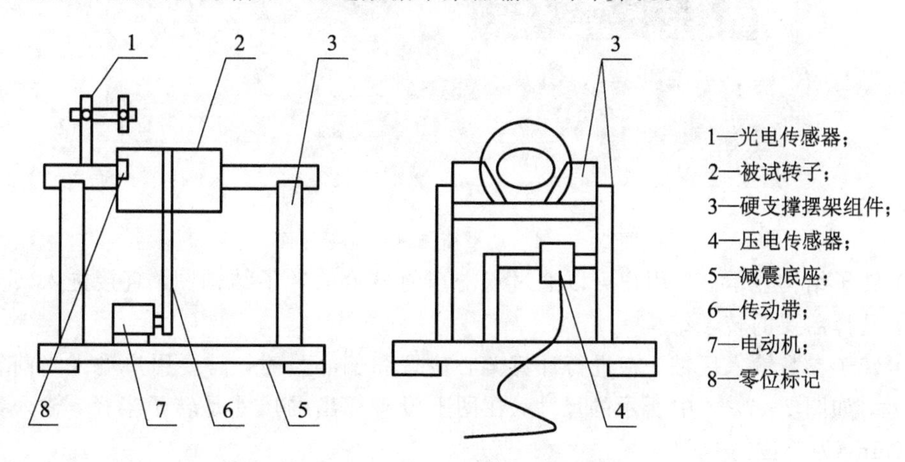

图2-7-2　动平衡实验机系统

计算机通过采集器采集三路信号，如图2-7-3所示，由虚拟仪器进行前置处理、跟踪滤波、幅度调整、相关处理、FFT变换(傅立叶变换，即频谱分析)、校正面之间的分离解算、最小二乘加权处理等，最终算出左右两面的不平衡量(克)、校正角(度)，以及实测转速(转/分)。与此同时，给出实验过程的数据处理方法、FFT方法的处理过程、曲线变化过程，加深实验印象，结果一目了然。

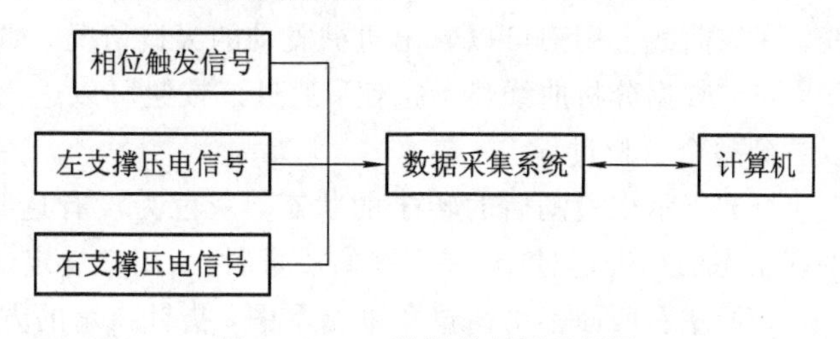

图2-7-3　数据处理原理框图

2. 系统软件界面介绍

本软件的目的是为了检测和演示如何对转子进行动平衡的，功能很强大，不但能找到偏心的位置和偏心量的大小，而且可演示整个检测处理过程。下面将对软件界面作一个简单的介绍。

1) *系统主界面介绍*

系统进入所需要的时间由计算机系统的配置而定，计算机系统的配置越好，软件的启动速度越快，启动进度由绿色滚动条指示。

(1) 测试结果显示区域，包括左右不平衡量显示、转子转速显示、不平衡方位显示，见图 2-7-4。

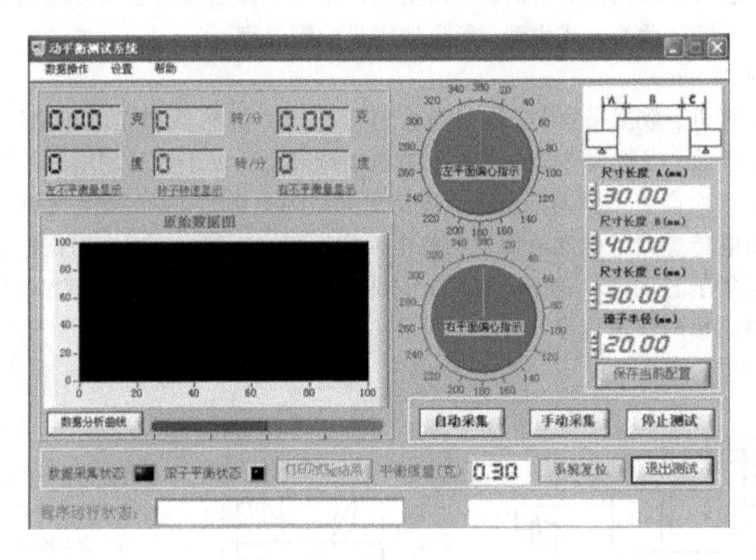

图 2-7-4　动平衡测试系统主界面

(2) 转子结构显示区，用户可以通过双击当前显示的转子结构图，直接进入转子结构选择图，选择需要的转子结构。

(3) 转子参数输入区域，在进行计算偏心位置和偏心量时，需要用户输入当前转子的各种尺寸，如图 2-7-4 中所示的尺寸，在图上没有标出的尺寸是转子半径，输入数值均以毫米(mm)为单位。

(4) 原始数据显示区，该区域是用来显示当前采集的数据或者调入的数据的原始曲线，在该曲线上用户可以看出机械震动的大概情况，如转子偏心的大小。

(5) 数据分析曲线显示按钮：通过该按钮可以进入详细曲线显示窗口，通过该窗口可以看到整个分析过程。

(6) 指示出检测后的转子的状态，灰色为没有达到平衡，蓝色为已经达到平衡状态。平衡状态的标准通过“允许不平衡质量”栏由用户设定。

(7) 左右两面不平衡量角度指示图，指针指示的方位为偏重的位置角度。

(8) 自动采集按钮，为连续动态采集方式，直到停止按钮按下为止。

(9) 单次采集按钮。

(10) 复位按钮，清除数据及曲线，重新进行测试。

(11) 工件尺寸保存按钮开关，点击该开关可以保存设置数据(重新开机数据不变)。

2) 模式选择界面

如图 2-7-5 所示，图上罗列了一般转子的结构图，用户可以通过鼠标来选择相应的转子结构来进行实验。每一种结构对应了一个计算模型，用户选择转子结构同时也选择了该结构的计算方法。

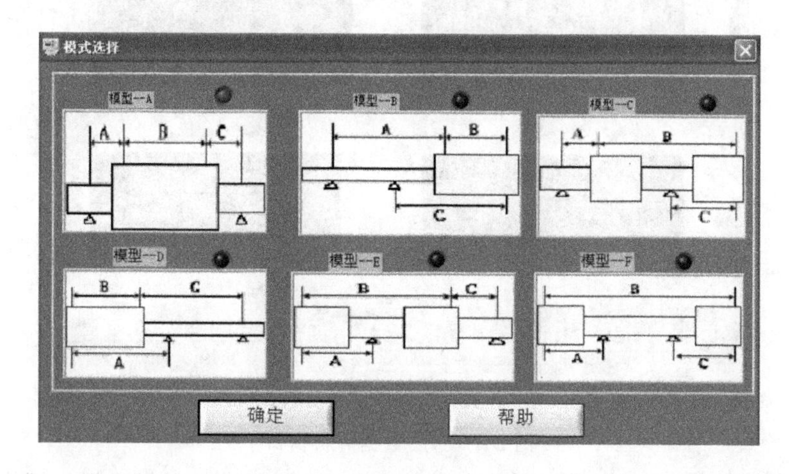

图 2-7-5　模式选择界面

3) 采集器标定窗口

用户进行标定的前提是有一个已经平衡了的转子，在已经平衡了的转子上的 A、B 两面加上偏心重量，所加的重量(不平衡量)及偏角(方位角)用户从“标定数据输入窗口”输入(见图 2-7-6)，启动装置后，用户通过点击“开始标定采集”按钮来开始标定的第一步，这里需要注意的是所有的这些操作是针对同一结构的转子进行标定的，以后进行转子动平衡时应该是同一结构的转子，如果转子的结构不同则需要重新标定。“测量次数”由用户自己设定，次数越多标定的时间越长，一般 5～10 次。“测试原始数据”栏是用户观察数据栏，只要有数据表示正常，反之为不正常。在“详细曲线显示”中，用户可观察标定过程中数据的动态变化过程，来判断标定数据的准确性。

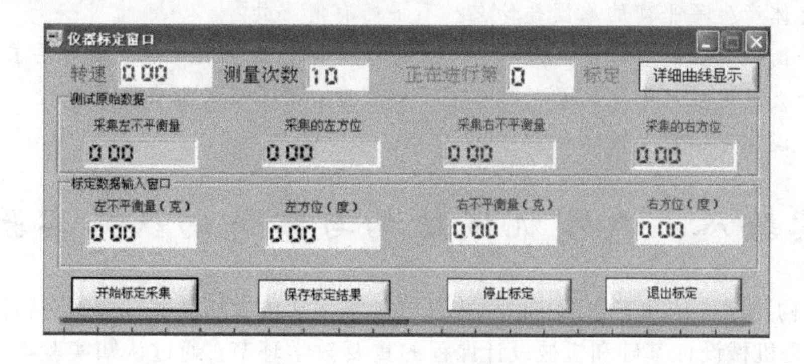

图 2-7-6　仪器标定窗口

在数据采集完成后，计算机采集并计算的结果位于第二行的显示区域，用户可以将手工添加的实际不平衡量和实际的不平衡位置填入第三行的输入框中，输入完成并按“保存标定结果”和“退出标定”按钮，完成该次标定。

4) 数据分析窗口

按“数据分析曲线”按钮，得到如图 2-7-7 所示窗口，可详细了解数据分析过程。

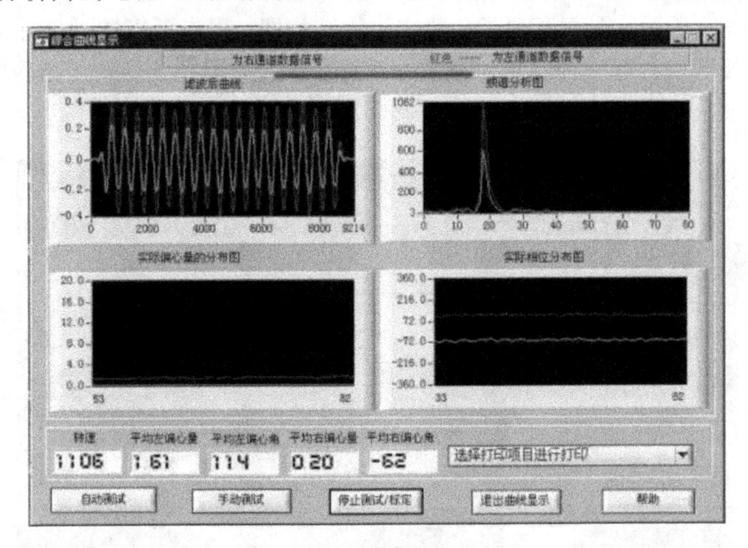

图 2-7-7 数据分析窗口

(1) 滤波器窗口：显示加窗滤波后的曲线，横坐标为离散点，纵坐标为幅值。

(2) 频谱分析图：显示 FFT 变换左右支撑振动信号的幅值谱，横坐标为频率，纵坐标为幅值。

(3) 实际偏心量分布图：自动检测时，动态显示每次测试的偏相位角的变化情况，横坐标为测量点数，纵坐标为偏心角度。

(4) 最下端指示栏显示出每次测量时转速、偏心量、偏心角的数值。

六、思考题

1. 动平衡机有哪几种类型？什么是软支承，什么是硬支承？
2. 硬支承平衡机的原理是什么？有何优缺点？
3. 回转体产生不平衡的原因是什么？不平衡有何害处？
4. 动平衡试验法的基本特点是什么？试件动平衡后是否满足静平衡的要求，为什么？
5. 为什么要用质径积来衡量回转体不平衡程度，而不以质量来衡量？
6. 请谈谈你对本实验的认识。

实验八　典型机械结构与零件的认知实验

机械结构与零件认知实验的目的是将部分基本教学内容从教室转移到实物模型陈列室进行教学，是机械设计基础和机械设计课程的重要教学环节。通过认知实验，可增强学生对机械零部件和机构运动形式的感性认识，弥补空间想象力和形象思维能力的不足；加深学生对教学基本内容的理解；促进学生自学能力和独立思考能力的提高。此外，丰富的实物模型有助于学生扩大知识面，激发学习兴趣，获得创新思维的启迪。机械设计陈列柜见图 2-8-1。

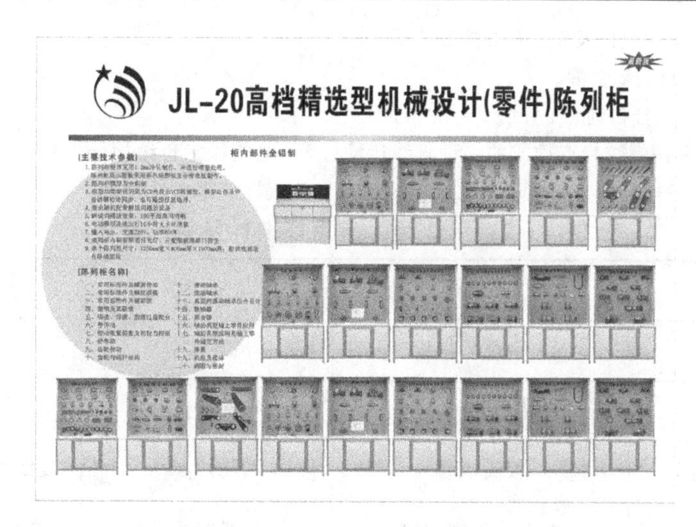

图 2-8-1　机械设计陈列柜

一、实验目的

(1) 初步了解“机械设计”课程所研究的各种常用零件的结构、类型、特点及应用。

(2) 了解各种标准件的结构形式及相关的国家标准。

(3) 了解各种传动的特点及应用。

(4) 增强对各种零部件的结构及机器的感性认识。

二、实验方法

学生通过对实验指导书的学习及对“机械零件陈列柜”中各种零件的观察，实验教学人员的介绍、答疑去认识机器常用的基本零件，使理论与实际对应起来，从而增强学生对机械零件的感性认识。通过展示的机械设备、机器模型等，使学生清楚知道机器的基本组成要素——机械零件。

三、实验内容(共 20 个陈列柜)

观察各陈列柜内零部件，各陈列柜内容见表 2-8-1～表 2-8-20。

表 2-8-1　第 1 柜　常用标准件及螺旋传动

悬置螺母	圆螺母	圆螺母止动垫圈	圆柱管螺纹
六角厚螺母	环形螺母	普通平垫圈	圆锥管螺纹
六角自锁螺母	单止动垫圈	弹簧垫圈	单线螺纹
六角螺母	双耳止动垫圈	方斜垫圈	双线螺纹
盖形螺母	外舌止动垫圈	矩形螺纹	三线螺纹
六角槽螺母	外卡	锯齿形螺纹	千斤顶
方螺母	内卡	梯形螺纹	螺杆传动
六角扁螺母	内齿弹性垫圈	普通细牙螺纹	台虎钳
蝶形螺母	外齿弹性垫圈	普通粗牙螺纹	

注：① 常用螺纹的类型：普通粗牙螺纹、普通细牙螺纹、圆柱螺纹、圆锥管螺纹和圆锥螺纹、矩形螺

纹、梯形螺纹、锯齿形螺纹以及左、右旋螺纹。

② 常用标准件：螺母、垫圈。

③ 传动与应用：螺杆传动、千斤顶、台虎钳。

④ 螺旋传动是利用螺纹特点构成的一种直线运动过程，是机械工程结构中应用广泛的一种结构，其传动平稳、精度高。各标准件与相应的螺纹结构零件配合构成标准零部件套组。

表 2-8-2　第 2 柜　常用标准件及螺纹连接

方头紧定螺钉	六角头铰制孔螺栓	T 型槽用螺栓	半圆螺钉连接
半圆螺钉	十字沉头螺钉	吊环螺钉	吊环螺钉连接
内六角螺栓	地脚螺钉连接	不正确的连接	T 型槽用螺栓连接
等长双头螺栓	双头螺柱	斜台	双螺母止动弹簧垫圈
焊接头螺栓	内六角尖端螺钉	沉头螺钉的结构	单耳双耳垫圈止动
腰环螺柱	内六角紧定螺钉	凸台的结构	自锁螺母开口销止动
钩头螺柱	正确的连接	腰环螺栓连接	外舌圆螺母止动
马车螺钉	减载套筒	双头螺栓连接	
六角螺栓 A	减载键	等长螺栓连接	
六角螺栓 B	减载销	钩头螺钉连接	

注：① 标准连接件：螺栓、双头螺柱、螺钉等。

② 常用螺纹连接的基本类型：螺栓连接、双头螺柱连接、螺钉连接。

③ 螺纹连接防松、螺纹连接预紧是螺纹连接应用及提高螺栓连接强度的措施。

④ 螺纹连接是利用螺纹零件构成的一种可拆卸连接，是机械制造和工程结构中应用最广泛的一种连接。为了保证螺纹连接的可靠性，增加连接的刚性和紧密性提高防松能力，对于重要的螺纹连接，装配时必须控制其预紧力并采取防松措施。

表 2-8-3　第 3 柜　常用标准件及键联接

导向平键	钩头滑键	导向平键联接	钩状楔键联接
双圆头平键	圆柱端滑键	方头平键联接	切向键联接
方头平键	圆头楔键	双圆头平键联接	半圆键联接
单圆头平键	方头楔键	单圆头平键联接	钩头滑键联接
切向键	钩头楔键	圆头楔键联接	园柱端滑键联接
圆头平键	半圆键	方头楔键联接	

注：① 键联接的主要类型：普通平键、导向平键、滑键、半圆键、楔向键、切向键等。

② 键联接主要用于轴与轴上零件之间的周向固定，用于传递转矩，有的键联接也兼有轴向固定或轴向移动的作用。

表 2-8-4　第 4 柜　键销及其联接

三角形花键	销轴	槽销之二	六角形无键联接
渐开线花键	圆锥开尾销	开口销	三角形无键联接
矩形花键	定位销	联接销	方形无键联接
侧面定心	圆柱销	螺纹圆锥销应用	槽销应用
内径定心	弹簧销	开口销应用	弹性环联接
外径定心	内螺纹圆锥销	开尾圆锥销的应用	安全销联接
螺栓销	槽销之一	圆锥销应用	圆锥销

注：销联接通常用来固定零件间的相互位置，它是组合加工和装配时的重要辅助零件，也可用于轴与轴上零件的联接，传递不大的载荷或作为安全装置。

① 花键联接类型：矩形花键、渐开线花键、三角形花键以及内外花键。

② 无键连接：型面联接。

③ 键联接主要用于轴与轴上零件之间的周向固定，用于传递转矩，有的键联接也兼有轴向固定或轴向移动的作用。销联接通常用来固定零件间的相互位置，它是组合加工和装配时的重要辅助零件，也可用于轴与轴上零件的联接，传递不大的载荷或作为安全装置。

表 2-8-5　第 5 柜　铆接、焊接、胶接、过盈配合

七种常用的铆接后铆钉形式	角接头五种	锥形及盲孔接头三种
双盖板对接缝	压配合构件的结构	双接焊线
搭接缝	轴承无辅助件联接	圆柱形接头四种
单盖板对接缝	连缘焊接线	过盈配合联接
板件接头九种	焊缝的基本形式	

注：① 铆接、焊接、胶接的典型结构。

② 铆接、焊接、胶接、过盈配合是一种不可拆卸联接。

表 2-8-6　第 6 柜　带传动

七种 V 带的截面尺寸比照	原始式	同步齿形带
平带传动受力情况	同步齿形带传动	多楔带
Y、Z、A、B、C、D、E、V 带传动受力情况	V 带传动	平皮带
实心式	平皮带传动	帆布带
孔板式	圆带	平胶带
轮辐式	V 带	活动 V 带

注：① 带传动的类型：平带传动、V 带传动、同步带传动。

② 带轮的结构：实心轮、腹板式、孔板式、轮辐式。

③ 带传动是利用具有弹性的挠性带与带轮间的摩擦力来传递运动和动力的，传动平稳、结构简单、成本低廉、缓冲吸震，具有过载保护作用，但传动比不恒定、效率低，广泛应用于各种机械中。

表 2－8－7　第 7 柜　带的张紧装置及初拉力控制

滑道式定期张紧装置	内侧张紧轮张紧装置	摆架式定期张紧装置
外侧平型带张紧装置	利用电机重量自动张紧装置	

注：① 带张紧装置：滑道式定期张紧装置、摆架式定期张紧装置、自动张紧装置、张紧轮装置。

② 张紧装置是带传动机构中不可或缺的部件，影响着带传动机构的使用效率与使用寿命。

表 2－8－8　第 8 柜　链传动

链传动	开口销式	螺栓连接式
齿形链传动	外导片	整体式
双排链	内导片	焊接式
单排链	滚柱式	孔板式
弹簧卡片式	轴牙式	整体式双侧链轮
过度连接式	圆销式	牙盘

注：① 传动链的类型：套筒滚子链、双排滚子链、起重链条和接头。

② 链传动布置与张紧装置：张紧轮定期张紧、张紧轮自动张紧、压板定期张紧。

③ 链传动属于带有中间挠性件的啮合传动，工作时靠链与链轮的啮合来传递运动和动力。具有平均传动比准确、传动效率较高，轴上受力小等优点，能在高温、低速、油污和有腐蚀等环境下工作。用于两轴中心距较大，要求平均传动比不变，而不宜采用其他传动机构的场合。

表 2－8－9　第 9 柜　齿轮传动

直齿圆柱齿轮啮合传动	直齿圆锥齿轮啮合传动	磨损
斜齿圆柱齿轮啮合传动	圆柱内啮合齿轮传动	直齿折断
圆柱人字齿轮传动	塑性变形	直齿受力分析
螺旋齿轮啮合传动	点蚀	圆锥齿轮受力分析
齿轮齿条啮合传动	胶合	斜齿受力情况

注：① 齿轮传动的基本类型：直齿圆柱齿轮传动、斜齿圆柱齿轮传动、人字齿轮传动、齿轮齿条传动、直齿圆锥齿轮传动、曲齿锥齿轮传动。

② 齿轮失效形式：轮齿折断，齿面磨损、点蚀、胶合及塑性变形。

③ 轮齿受力分析：直齿轮的受力分析、斜齿轮的受力分析、锥齿轮的受力分析。

④ 齿轮传动可以用来传递任意两轴间的运动和动力，具有传动比恒定、效率高、寿命长、工作可靠性高、结构紧凑、适用圆周速度广和功率范围大等优点，是机械传动中最重要、应用最广泛的一种传动形式。

表 2－8－10　第 10 柜　齿轮与蜗杆结构

蜗轮蜗杆传动	蜗轮受力分析	浇铸式蜗轮
普通蜗杆	车制式蜗杆	整体式蜗轮
实心结构齿轮	孔板式结构齿轮	齿圈式蜗轮
圆弧蜗杆传动	蜗杆受力分析	螺栓连接式
圆弧蜗杆	铣车制蜗杆	
腹板式结构齿轮	轮辐式结构齿轮	

注：① 蜗杆传动类型：普通圆柱蜗杆传动、圆弧面蜗杆传动、多头蜗杆传动、锥蜗杆传动。

② 蜗轮的结构形式：齿圈式、螺栓连接式、整体浇铸式、拼铸式。

③ 蜗杆的结构：有退刀槽的蜗杆、无退刀槽的蜗杆。

④ 蜗杆传动是用来传递空间相互垂直而不相交的两轴间的运动和动力的传动机构，具有结构紧凑、传动比大等优点，应用较广泛。

表 2-8-11 第 11 柜 滑动轴承

各种轴瓦	自位轴承	拖拉机连杆
整体式滑动轴承	空心式(见实物)	椭圆轴承
对开式滑动轴承及轴套结构	静压向心轴承	多油楔轴承
多油楔推力轴承示意图	实心式(见实物)	扇形块可倾轴瓦轴承
可倾扇推力轴承示意图	多环式(见实物)	车床主轴

注：① 滑动轴承的类型：整体滑动轴承、推力滑动轴承、向心滑动轴承、轴瓦的结构。

② 轴承用来支承轴及轴上零、部件，保证轴的旋转精度，减少转轴与支承间的摩擦和磨损。滑动轴承主要用于转速特高或特低，对回转精度要求特别高，承受特大载荷、冲击，振动较大等特殊工作条件下。

表 2-8-12 第 12 柜 滚动轴承

短圆柱滚子	滚针	鼓形滚子
圆锥滚子	长圆柱滚子	空心螺旋滚子
系列对比：轴承代号：100、101、102、103、104、106、108、112、114	轴承类型及代号：0000、1000、2000、3000、5000、6000、7000、29000、N0000、NA000	直径系列：轴承代号：108、208、308、408
宽度系列：轴承代号：7000108、108		

注：① 滚动轴承的结构、滚动轴承的类型、滚动轴承的代号。

② 滚动轴承是现代机器中应用最广泛的部件之一，具有启动力矩小，效率高，运转精度高，轴向尺寸小，某些轴能同时承受径向和轴向载荷，润滑方便、简单，易于密封和维护及互换性好等优点。

表 2-8-13 第 13 柜 典型的滚动轴承组合设计

3600 型正装轴承	2000 型游动轴承	2206 径向轴承
一端固定	7000 型正装轴承	游动端 306 毛毡密封轴承
一端游动轴承	毛毡油构密封轴承	一端固定式轴承
两端固定式轴承	7000 型反装毛毡密封轴承	一端游动式轴承
两端游动轴承	6000 型正装轴承	固定端 38306 轴向游动轴承
0000 型固定式轴承	000 型游动油构密封轴承	

注：① 不同型号与不同系列的轴承相对于不同结构与受力情况下的轴承分布。

② 轴承装置的典型结构、滚动轴承的安装、紧固、调整、润滑、密封。

③ 要保证轴承顺利工作，必须解决轴承的安装、紧固、调整、润滑、密封等问题。

表 2-8-14　第 14 柜　联轴器

套筒联轴器	尼龙柱销联轴	双排链联轴器
万向联轴器	十字滑块联轴器	齿式联轴器
弹性圆柱销联轴器	轮胎式联轴器	挠性爪形联轴
凸缘联轴器	夹壳式联轴器	不带中间套筒的挠性盘形联轴器

注：① 联轴器的类型、结构与应用。

② 联轴器的类型及应用：刚性联轴器、无弹性元件的挠性联轴器、非金属弹性元件的挠性联轴器。

③ 联轴器是用来连接两轴以传递运动和转矩的部件。

表 2-8-15　第 15 柜　离合器

三角形	圆锥摩擦离合器	超越离合器
侧齿形	齿轮离合器	多片式摩擦离合器
梯形	内摩擦片	单圆盘摩擦离合器
矩形	外摩擦片	钢球离合器

注：① 离合器的类型及应用：牙嵌离合器、摩擦离合器、特殊结构离合器。

② 离合器是用来连接轴与轴以传递运动和转矩的，但它能在机器运转中将传动系统随时分离或结合。

表 2-8-16　第 16 柜　减速器

单级圆柱齿轮减速器	单级蜗杆减速器	单级圆锥齿轮减速器
二级齿轮减速器	双级圆柱齿轮减速器	附件：游标等

注：① 了解减速器的类型与结构、减速器附件。

② 减速器是位于原动机和工作机之间的机械传动装置，是机器中广泛应用的一种典型部件。

表 2-8-17　第 17 柜　轴的典型结构及轴上零件固定方法

砂轮越程槽	利用套筒及圆螺母定位	利用圆锥形轴端定位
螺纹退刀槽	轮毂两端面	螺钉锁紧挡圈
轴肩过渡结构	配合轴段两端面	利用双螺母定位
轴端挡圈定位	利用弹簧挡圈定位	阶梯轴结构

注：① 了解轴的类型、轴上零件的定位、轴的结构设计。

② 轴主要用来支撑旋转运动零件，传递运动和动力。所有回转零件都需要用轴支撑才能工作，因此轴是机械中不可缺少的重要零件。

表 2-8-18　第 18 柜　弹簧

两端圈不平整不磨头(钢丝)	组合弹簧(钢丝)	扭转弹簧四种(钢丝)
两端圈不平整磨头(钢丝)	腰鼓弹簧(钢丝)	盘形弹簧(钢丝)
两端圈平整磨头(钢丝)	圆锥弹簧(钢丝)	弹簧秤(钢丝)
两端圈平整不磨头(钢丝)	沙发弹簧(钢丝)	闭心离心离合器(钢丝)
汽车减振弹簧	大小钩环弹簧八种(钢丝)	钟表发条

注：① 弹簧的类型：分为压簧、拉簧、扭簧、板簧以及圆柱螺旋弹簧、其他类型弹簧。

② 弹簧是一种常用的弹性元件，广泛用于各种机械设备、仪器、仪表和车辆中。

表 2-8-19　第 19 柜　小型机构与实例

电刨	电动剪刀	家用压面机
粉碎机	榨汁机	台扇
雕刻机	角磨机	充电手电钻

注：各种小型机械都是由动力装置、传动装置、工作构件和机座等部分组成的。它们设计巧妙、制作精细、使用方便，在人们的日常生活和工作中发挥着巨大的作用。

表 2-8-20　第 20 柜　润滑与密封

油芯式	旋塞	毛毡式密封之一
直通式	针阀式	毛毡式密封之二
接头式	皮圈	V 形圈密封
压法油杯之一	毛毡圈	金属环密封
压法油杯之二	纸圈	迷宫式密封(轴承)
旋套式	骨架式	离心式密封(轴承)
旋盖式	V 形式	螺旋密封(轴承)
油枪	O 形式	间切式密封(轴承)
油标	骨架式密封	机械密封
油尺	O 形圈密封	

注：① 润滑用油杯、标准密封件、接触式密封、非接触式密封。

② 润滑和密封对机器的寿命、效率和工作质量具有重要的意义。润滑的目的是减少摩擦与磨损，吸收振动，降低工作温度和噪音以及清洗、防锈等；密封的目的是防止灰尘、水分等进入机器内部，并阻止润滑剂的流失。

四、实验步骤

(1) 按照机械零件陈列柜所展示的零部件顺序，由浅入深、由简单到复杂进行参观认知，指导教师做简要讲解；

(2) 在听取指导教师讲解的基础上，分组(每 2 人 1 组)仔细观察和讨论各种机械零部件的结构、类型、特点及应用范围。

五、实验要求

课内完成实验内容，课后进行分析比较，回答思考题，写出心得体会，完成实验报告。

六、思考题

1. 列出你观察到的陈列柜的内容。

2. 零件制造包括哪些过程？

3. 常用螺纹按牙形分为哪几种？各有何特点？主要用途怎样？连接有哪些类型，各有何特点？

4. 传动有哪些类型，各有何特点？

5. 轴承有哪些类型，各有何特点？

6. 什么是离合器？什么是联轴器？观察到哪些弹簧？

7. 陈列柜中有哪些整机结构展示？

8. 机械零件的损伤有哪些？请列举。

9. 传动装置中为实现零部件周向和轴向定位与固定采用了哪些方法？

10. 传动装置中哪些零件需要对安装间隙进行调整，采用什么方法进行调整？

11. 机械结构设计时应注意和考虑哪些问题？

实验九　螺栓组及单螺栓连接综合实验

螺栓连接的基本类型有螺栓连接、双头螺柱连接、螺钉连接和紧定螺钉连接，前两种需要拧紧螺母才能实现连接，后两种不需要螺母。螺栓连接件大多已标准化，设计时可按螺纹公称直径从标准中选用。螺栓连接中的单个螺栓受力分为受轴向载荷(普通螺栓)和横向载荷两种。对于普通螺栓，主要失效形式为螺纹部分的塑性变形或断裂，故其设计准则应保证连接有足够的拉伸强度；对于受横向载荷的铰制孔螺栓，主要失效形式为螺杆被剪断，螺杆和孔壁被压溃，故其设计准则应保证连接具有足够的剪切强度和挤压强度。

一、实验目的

现代各类机械工程中广泛应用螺栓组进行连接。如何计算和测量螺栓受力情况及静、动态性能参数是工程技术人员面临的一个重要课题。本实验通过对一螺栓组及单个螺栓的受力分析，要求达到以下目的。

1. 螺栓组试验

(1) 了解托架螺栓组受翻转力矩引起的载荷对各螺栓的拉应力分布情况。

(2) 根据拉力分布情况确定托架底板旋转轴线的位置。

(3) 将实验结果与螺栓组受力分布的理论计算与实验结果相比较。

2. 单个螺栓静载荷试验

了解受预紧轴向载荷作用的螺栓，在连接中的零件的相对刚度变化对螺栓所受总拉力的影响。

3. 单个螺栓动载荷试验

通过改变螺栓连接中零件的相对刚度，观察螺栓动态应力幅值的变化。

二、螺栓试验台结构及实验台工作原理

(一) 螺栓组实验台结构与工作原理

螺栓组实验台的结构如图 2-9-1 所示。图中 1 为托架，在实际使用中多为水平放置，为了避免由于自重产生力矩的影响，在本实验台上设计为垂直放置。托架以一组螺栓 3 连接于支架 2 上。加力杠杆组 4 包含两组杠杆，其臂长比均为 1∶10，则总杠杆比为 1∶100，可使砝码 6 产生的力放大到 100 倍后压在托架支承点上。螺栓组的受力与应变转换为粘贴在各螺栓中部的应变片 8 的伸长量，用应变仪来测量。应变片在螺栓上相隔 180°粘贴两

片，输出串接，以补偿螺栓受力弯曲引起的测量误差。引线由孔 7 中接出。

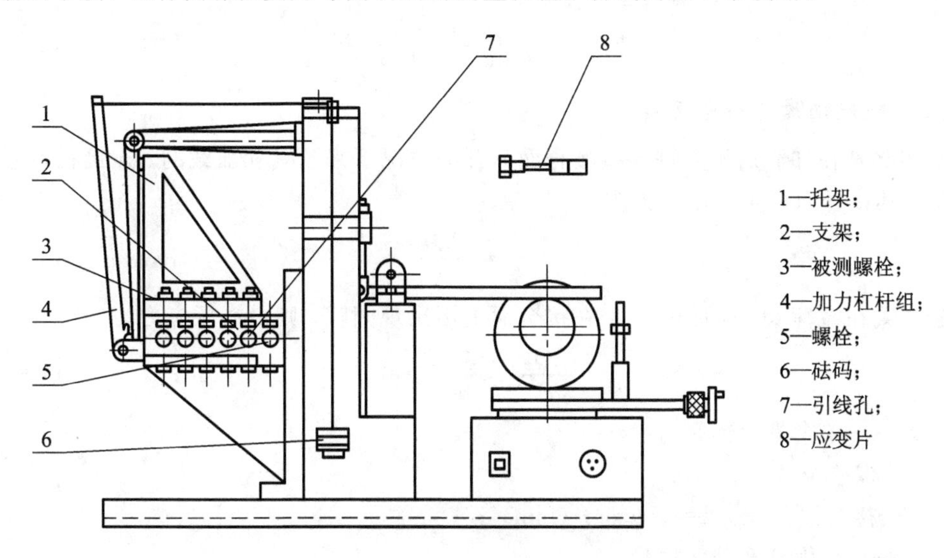

图 2-9-1　螺栓组实验台

加载后，托架螺栓组受到一横向力及力矩，与接合面上的摩擦阻力相平衡。而力矩则使托架有翻转趋势，使得各个螺栓受到大小不等的外界作用力。根据螺栓变形协调条件，各螺栓所受拉力 F(或拉伸变形)与其中心线到托架底板翻转轴线的距离 L 成正比。即

$$\frac{F_1}{L_1}=\frac{F_2}{L_2} \tag{2-9-1}$$

式中：F_1，F_2——安装螺栓处由于托架所受力矩而引起的力(N)；

L_1，L_2——从托架翻转轴线到相应螺栓中心线间的距离(mm)。

本实验台中第 2、4、7、9 号螺栓下标为 1；第 1、5、6、10 号螺栓下标为 2；第 3、8 号螺栓距托架翻转轴线距离为零($L=0$)。根据静力平衡条件得

$$M=Qh_0=\sum_{i=1}^{i=10}F_iL_i \tag{2-9-2}$$

$$M=Qh_0=2\times 2F_1L_1+2\times 2F_2L_2\ (\text{N}\cdot\text{mm}) \tag{2-9-3}$$

式中：Q——托架受力点所受的力(N)；

h_0——托架受力点到接合面的距离(mm)，见图 2-9-2。

本实验中取 Q=3500 N；h_0=210 mm；L_1=30 mm；L_2=60 mm。

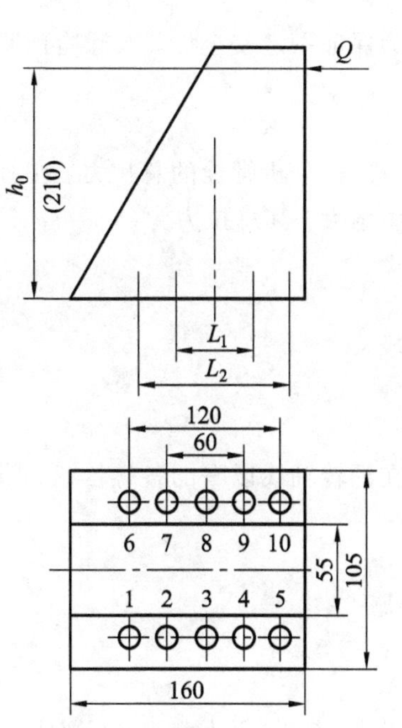

图 2-9-2　螺栓组的布置

则第 2、4、7、9 号螺栓的工作载荷为

$$F_1=\frac{Qh_0L_1}{2\times 2(L_1^2+L_2^2)}\ (\text{N}) \tag{2-9-4}$$

第1、5、6、10号螺栓的工作载荷为

$$F_2 = \frac{Qh_0 L_2}{2\times 2(L_1^2 + L_2^2)}\ (\mathrm{N}) \tag{2-9-5}$$

(二) 螺栓预紧力的确定

本实验是在加载后不允许连接接合面分开的情况下来预紧和加载的。连接在预紧力的作用下，其接合面产生挤压应力为

$$\sigma_p = \frac{ZQ_0}{A} \tag{2-9-6}$$

悬臂梁在载荷 Q 力的作用下，在接合面上不出现间隙，则最小压应力为

$$\frac{ZQ_0}{A} - \frac{Qh_0}{W} \geqslant 0 \tag{2-9-7}$$

式中：Q_0——单个螺栓预紧力(N)；

Z——螺栓个数，$Z=10$；

A——接合面面积，$A=a(b-c)$ $(\mathrm{mm})^2$；

W——接合面抗弯截面模量，

$$W = \frac{a^2(b-c)}{b}\ (\mathrm{mm}^3) \tag{2-9-8}$$

式中：$a=160$ mm；$b=105$ mm；$c=55$ mm。

因此

$$Q_0 \geqslant \frac{6Qh_0}{Za} \tag{2-9-9}$$

为保证一定安全性，取螺栓预紧力为

$$Q_0 = (1.25 \sim 1.5)\frac{6Qh_0}{Za} \tag{2-9-10}$$

再分析螺栓的总拉力。在翻转轴线以左的各螺栓(4、5、9、10号螺栓)被拉紧，轴向拉力增大，其总拉力为

$$Q_i = Q_0 + F_i \frac{C_L}{C_L + C_F} \tag{2-9-11}$$

或

$$F_i = (Q_i + Q_0)\frac{C_L + C_F}{C_L} \tag{2-9-12}$$

在翻转轴线以右的各螺栓(1、2、6、7号螺栓)被放松，轴向拉力减小，总拉力为

$$Q_i = Q_0 - F_i \frac{C_L}{C_L + C_F} \tag{2-9-13}$$

或

$$F_i = (Q_0 - Q_i)\frac{C_L + C_F}{C_L} \tag{2-9-14}$$

式中：$C_L/(C_L+C_F)$——螺栓的相对刚度；

C_L——螺栓刚度；

C_F——被连接件刚度。

螺栓上所受到的力是通过测量应变值而计算得到的，根据虎克定律

$$\varepsilon = \frac{\sigma}{E} \qquad (2-9-15)$$

式中：ε——应变量；

σ ——应力(MPa)；

E——材料的弹性模量，对于钢材，取 $E=2.06\times10^5$ MPa，则螺栓预紧后的应变量为

$$\varepsilon_0 = \frac{\sigma_0}{E} = \frac{4Q_0}{E\pi d^2} \qquad (2-9-16)$$

螺栓受载后总应变量为

$$\varepsilon_i = \frac{E\pi d^2}{4}\varepsilon_0 = K\varepsilon_0 \qquad (2-9-17)$$

或

$$Q_i = \frac{E\pi d^2}{4}\varepsilon_i = K\varepsilon_i \qquad (2-9-18)$$

式中：d——被测处螺栓直径(mm)；

K——系数，$K=\frac{E\pi d^2}{4}$ (N)。

因此，可得到螺栓上的工作压力在翻转轴线以左的各螺栓(4、5、9、10 号螺栓)的工作拉力为

$$F_i = K\frac{C_L + C_F}{C_L}(\varepsilon_i - \varepsilon_0) \qquad (2-9-19)$$

在翻转轴线以右的各螺栓(1、2、6、7 号螺栓)的工作拉力为

$$F_i = K\frac{C_L + C_F}{C_L}(\varepsilon_0 - \varepsilon_i) \qquad (2-9-20)$$

(三) 单螺栓实验台结构及工作原理

单螺栓实验台部件的结构如图 2-9-3 所示。旋动调整螺母 1，通过支持螺杆 2 与加载杠杆 8，即可使吊耳 3 受拉力载荷，吊耳 3 下有垫片 4，改变垫片材料可以得到螺栓连接的不同相对刚度。吊耳 3 通过被实验单螺栓 5、紧固螺母 6 与机座 7 相连接。电机 9 的轴上装有偏心轮 10，当电机轴旋转时由于偏心轮转动，通过杠杆使吊耳和被实验单螺栓上产生一个动态拉力。吊耳 3 与被实验单螺栓 5 上都贴有应变片，用于测量其应变大小。调节丝杆

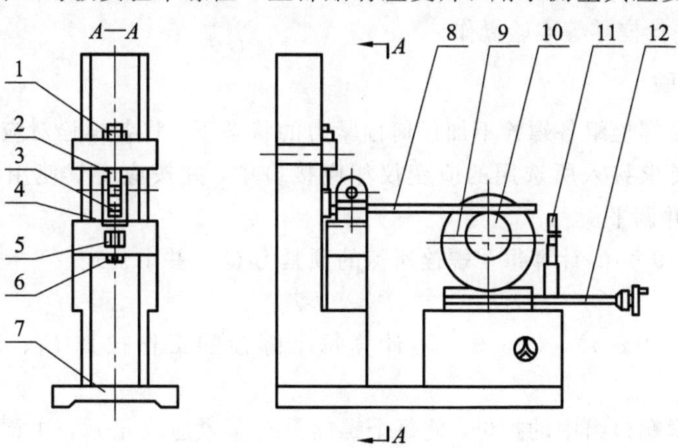

图 2-9-3　单螺栓实验台

12 可以改变小溜板的位置，从而改变动拉力的幅值。

三、实验原理、方法及步骤

(一) 接静动态应变仪实验方法及步骤

电阻应变仪结构、工作原理及使用方法，详见所选用的应变仪附带的说明书。

1. 螺栓测量电桥结构及工作原理

如图 2-9-4 所示，实验台每个螺栓上都贴有两片应变片 $R_{应}$(阻值 120 Ω，灵敏系数 2.22)，应变片 $R_{应}$ 与两固定精密电阻 $R_{阻}$(阻值 120 Ω)组成一全桥结构的测量电路。

设当螺栓受力拉伸变形时应变片阻值变化为 ΔR，则有

$$V_1 = \frac{R_{应} + \Delta R}{R_{阻} + R_{应} + \Delta R} \cdot V_e$$

$$V_3 = \frac{R_{阻}}{R_{阻} + R_{应} + \Delta R} \cdot V_e$$

$$V_i = V_1 - V_3 = \frac{R_{应} + \Delta R - R_{阻}}{R_{阻} + R_{应} + \Delta R} \cdot V_e \tag{2-9-21}$$

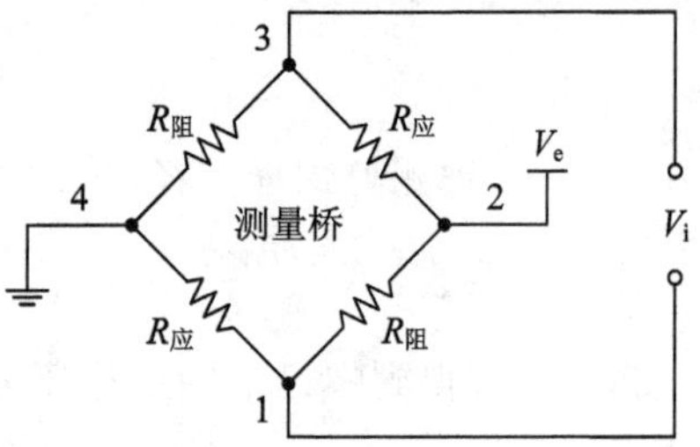

图 2-9-4　测量电桥

式中：$R_{阻} = R_{应}$ 且远大于 ΔR

$$V_i \approx \frac{\Delta R}{2R} \cdot V_e \quad (R = R_{应} = R_{阻})$$

上式中 V_i 即为实验台被测螺栓全桥测量电路的输出压差值。

有关温度补偿：

实验台试验螺栓测量电桥设计时考虑到每次做实验时间不会太长，在实验时间内环境温度变化不大，故没有设置温度补偿片，在实验时只要保证测试系统足够的预热时间即可消除温度影响。

(1) 接应变仪：系统连接后打开电源，按所采用应变仪要求先预热，再调平衡。

(2) 接 LSC-Ⅱ型螺栓组及单螺栓综合实验仪：系统正确连接后打开实验仪电源，预热 5 分钟以上，再进行校零等实验操作。

2. 螺栓组试验

(1) 在实验台螺栓组各螺栓不加任何预紧力的状态下，将各螺栓对应的半桥电路引线(1～10 号线)按要求接入所选用的应变仪相应接口中，并按应变仪使用说明书进行预热(一般为 3 分钟)并调平衡。

(2) 由式(2-9-10)计算每个螺栓所需的预紧力 Q_0，并由公式(2-9-16)计算出螺栓的预紧应变量 ε_0。

(3) 按式(2-9-4)，(2-9-5)计算每个螺栓的工作拉力 F_1、F_2，将结果填入表 2-9-1 中。

(4) 逐个拧紧螺栓组中的螺母，使每个螺栓具有预紧应变量 ε_0，注意应使每个螺栓的预紧应变量 ε_0 尽量一致。

(5) 对螺栓组连接进行加载，加载 3500 N，其中砝码连同挂钩的重量为 3.754 kg。停

歇 2 分钟后卸去载荷，然后再加上载荷，在应变仪上读出每个螺栓的应变量 ε_i，填入表 2-9-2 中。反复做 3 次，取 3 次测量值的平均值为实验结果。

(6) 画出实测的螺栓应力分布图。

(7) 用机械设计中的计算理论计算出螺栓组连接的应变图，与实验结果进行对比分析。

3. 单个螺栓静载实验

(1) 如图 2-9-3 所示，旋转调节丝杆 12 摇手移动小溜板至最外侧位置。

(2) 在实验台螺栓不加任何预紧力的状态下，将螺栓对应的半桥电路引线(11、12 号线，图上未示出)按要求接入所选用的应变仪相应接口中，并按应变仪使用说明书进行调平衡。

(3) 旋转紧固螺母 6，预紧被试螺栓 5，预紧应变为 $\varepsilon_1 = 500\ \mu\varepsilon$。

(4) 旋动调整螺母 1，使吊耳上的应变片(12 号线，图上未示出)产生 $\varepsilon = 50\ \mu\varepsilon$ 的恒定应变。

(5) 改变用不同弹性模量的材料的垫片，重复上述步骤，记录螺栓总应变 ε_0。

(6) 用式(2-9-22)计算相对刚度 C_e，并作不同垫片结果的比较分析。

$$C_e = \frac{\varepsilon_o - \varepsilon_i}{\varepsilon} \times \frac{A'}{A} \tag{2-9-22}$$

式中：A——吊耳测应变的截面面积，本试验 A 为 224 mm^2；

A'——试验螺杆测应变的截面面积，本试验中 A' 为 50.3 mm^2。

4. 单个螺栓动载荷试验

(1) 安装钢制垫片。

(2) 将被试螺栓 5 加上预紧力，预紧应变仍为 $\varepsilon_1 = 500\ \mu\varepsilon$(可通过 11 号线测量，图上未示出)。

(3) 将加载偏心轮转到最低点，并调节调整螺母 1，使吊耳应变量 $\varepsilon = 5 \sim 10\ \mu\varepsilon$(通过 12 号线测量，图上未示出)。

(4) 开动小电机，驱动加载偏心轮。

(5) 分别将 11 号线、12 号线(图上未示出)信号接入示波器，从荧光屏上的波形线分别估计地读出螺栓的应力幅值和动载荷幅值，也可用毫安表读出幅值。

(6) 换上环氧垫片，移动电机位置以改变钢板比，调节动载荷大小，使动载荷幅值与用钢垫片时相一致。

(7) 估计地读出此时的螺栓应力幅值。实验数据填入表 2-9-4 中。

(8) 对不同垫片下螺栓应力幅值与动载荷幅值关系作对比分析。

(9) 松开各部分，卸去所有载荷。

(10) 校验电阻应变仪的复零性。

根据实验记录数据，绘出螺栓组工作拉力分布图。确定螺栓连接翻转轴线位置。

5. 实验结果

将实验结果和理论计算值分别填入表 2-9-1～表 2-9-4 中，另外在图 2-9-6 中画出螺栓应力分布图。

(1) 螺栓组试验。

表 2-9-1 计算法测定螺栓上的力

螺栓号数 项目	1	2	3	4	5	6	7	8	9	10
螺栓预紧力 Q_0										
螺栓预紧应变量 $\varepsilon_0 \times 10^{-6}$										
螺栓工作拉力 $F_1(F_2)$										

表 2-9-2 实验法测定螺栓上的力

螺栓号数 项目		1	2	3	4	5	6	7	8	9	10
螺栓总应变量 ε_i	第一次测量										
	第二次测量										
	第三次测量										
	平均数										
由换算得到的工作拉力 F_i											

绘制实测螺栓应力分布图于图 2-9-6 中。

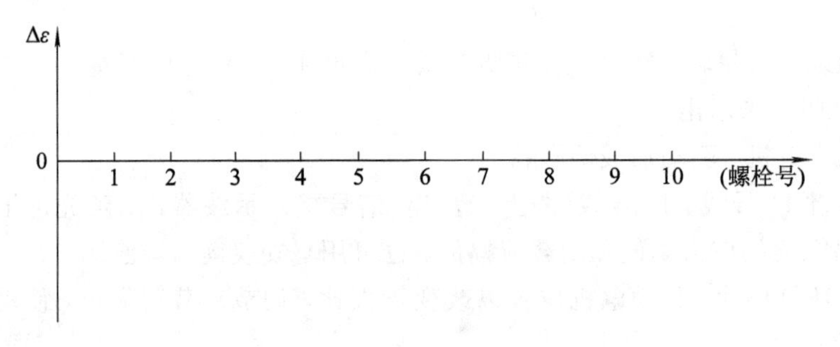

图 2-9-6 实测螺栓应力分布

(2) 单个螺栓实验。

表 2-9-3 单螺栓静载荷

垫片材料	钢片	环氧片
ε_e		
相对刚度 C_e		

(3) 单个螺栓动载荷试验。试验数据填入表 2-9-4。

表 2-9-4　单螺栓动载荷

垫片材料		钢片	环氧片
ε_1			
动载荷幅值(mV)	示波器		
	毫伏表		
螺栓应力幅值(mV)	示波器		
	毫伏表		

(二) 接微机实验方法及步骤

1. 系统组成及连接

LSC-Ⅱ型螺栓组及单螺栓连接静、动态综合实验系统，也可由 LSC-Ⅱ型螺栓组及单螺栓组合实验台、LSC-Ⅱ螺栓综合实验仪、微型机算机及相应的测试软件所组成。如图 2-9-7 所示。

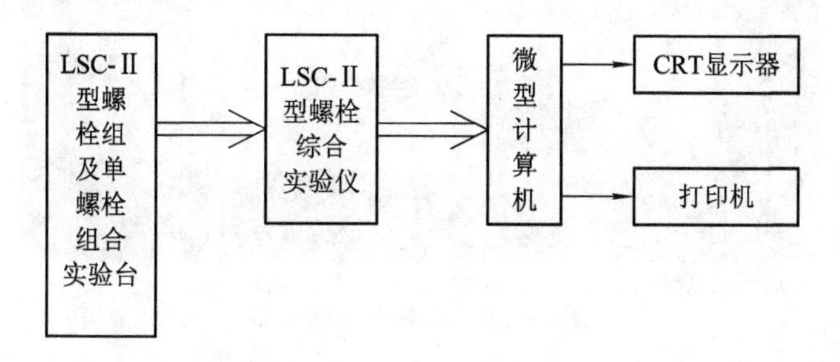

图 2-9-7　系统组成及连接

在进行实验时，首先进行系统正确连接，即将螺栓实验台上 1～12 号信号输出线分别接入实验仪后板相应接线端子上，每路信号为 4 个接头，按黄、绿、黑、红从上至下连接。

将计算机 RS232 串行口通过标准的通信线，与实验仪背面的 RS232 接口连接。打开实验仪面板上的电源开关，接通电源，并启动计算机。

注：应在可靠的连接好所有连线后再开启计算机及实验台电源，否则易损坏计算机。

启动螺栓实验应用程序进入程序主界面，如图 2-9-8 所示。

2. 系统配置

启动主程序后，如果此设备第一次使用应先进行系统配置，点击“系统配置”按钮进入图 2-9-9 所示界面。

在图中“系统配置”对话框中输入所在螺栓试验平台编号，系统会自动配置所在设备一些系统设置参数，配置完成退出后，可以根据实验要求进入相应的实验。

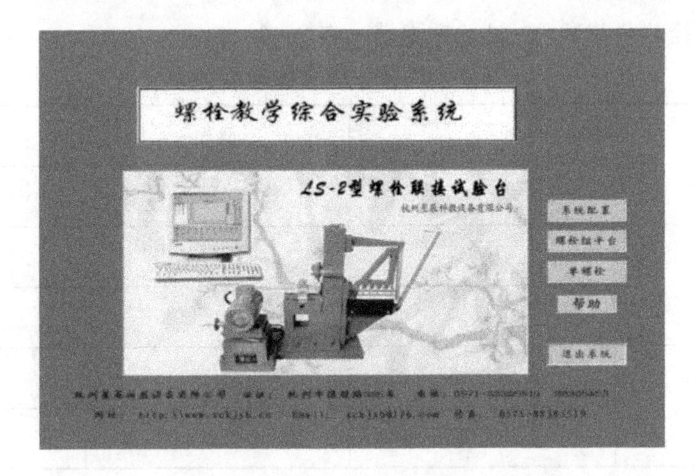

图 2-9-8　程序主界面

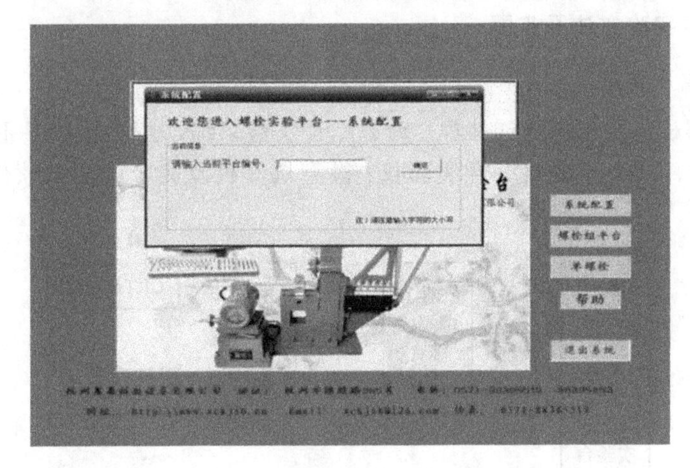

图 2-9-9　系统配置界面

3. 螺栓组静载实验

1) 主界面及相关功能

点击“螺栓组平台”按钮进入螺栓组实验平台界面，如图 2-9-10 所示。

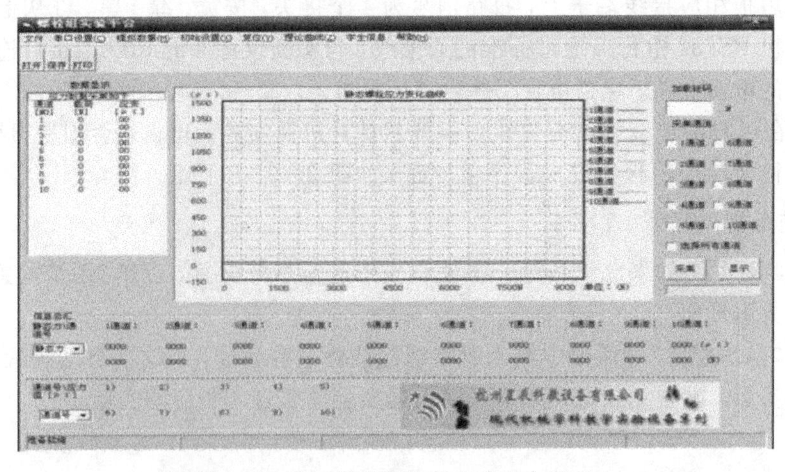

图 2-9-10　螺栓组静载实验平台界面

螺栓组静载实验界面由数据显示区、图形显示区、采集区、信息总汇和工具栏等组成。

(1) 数据显示区。数据显示区显示当前螺栓检测的数据，包括螺栓号、所受载荷及应变。

(2) 图形显示区。该区显示螺栓所受力与应变的关系图。

(3) 采集区。可通过选择采集通道中的复选框来选定所要检测的某几个通道的螺栓，或选择所有通道。当用户采集完需显示某几个通道螺栓数据时，也可通过这些复选框来选定所要显示的螺栓受力情况。

(4) 信息总汇：信息总汇有两个选择框，上一个选择框保存了最近十次采集的数据，用户可任意选择其中一次显示数据及图形，如图 2-9-11 所示；下一个选择框用户可以显示任意一个螺栓最近十次实验数据，如图 2-9-12 所示。

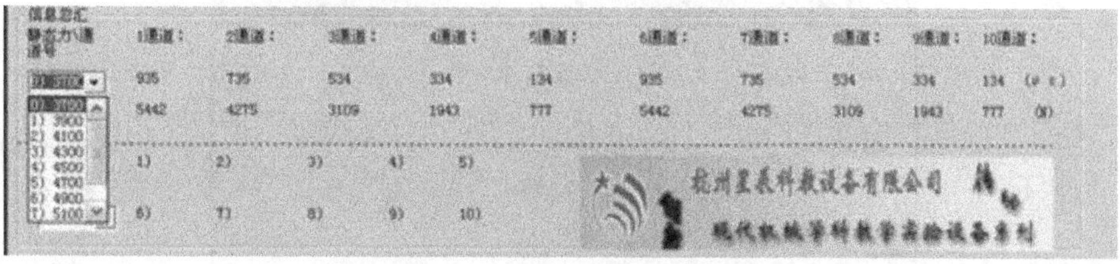

图 2-9-11　信息总汇框(1)

图 2-9-12　息总汇框(2)

(5) 工具栏：包括文件、串口设置、模拟数据、初始设置、复位、理论曲线、学生信息和帮助等选项。

① 文件：打开——可打开之前保存的数据文件；保存数据——保存当前实验采集的数据；保存图片——保存当前显示的图片；打印——打印当前的图片、相关数据和系统的一些参数；另存为——同保存数据、退出——退出系统。

② 串口设置：如果计算串口选择的是端口 2，需要在串口设置中选择 COM2(默认 COM1)。

③ 模拟数据：显示出厂设置中保存的模拟数据及图形。

④ 初始设置：包括螺栓基本参数设置、校零、加载预紧力、标定及恢复出厂设置等。

ⅰ　螺栓基本参数设置(如图 2-9-13 所示)：如果更换设置中相应的器件，需修改其中的参数。(一般不建议修改)。

ⅱ　校零：当用户第一次使用此设备或反复做本实验时需要校零，如图 2-9-14 所示。螺栓组校零前需先松开所有螺栓然后点击“确定”按钮，系统会自动采集数据，按“退出”按钮即关闭校零程序。

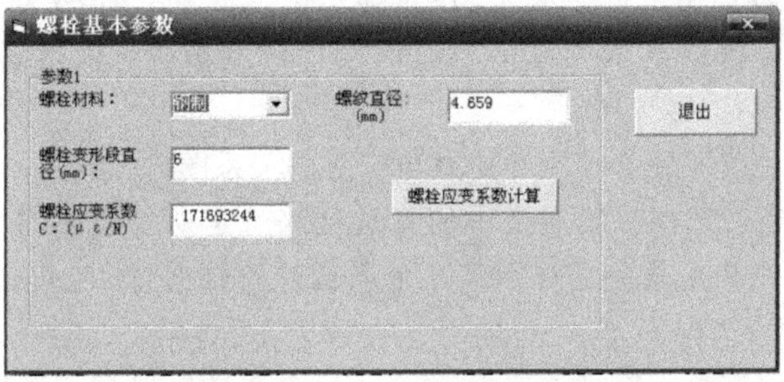

图 2-9-13　螺栓基本参数设置

图 2-9-14　校零界面

ⅲ　加载预紧力：在螺栓组试验中外挂砝码前需要先预紧螺栓，此功能能够实时采集螺栓预紧力大小，如图 2-9-15 和图 2-9-16 所示。

图 2-9-15　螺栓预紧力提示信息

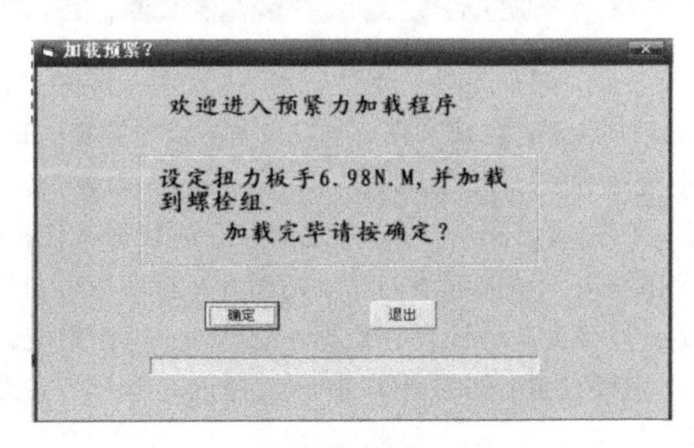

图 2-9-16　加载预紧界面

根据信息提示加载力到每个螺栓，加载完成后点击“确定”按钮，系统会自动采集螺栓预紧力数据，点“退出”按钮结束此功能项。然后加载标准 3500N 砝码，如图 2-9-17 所示。外挂标准 3500N 砝码悬挂完成后点击“确定”按钮。这时系统会再采集当前螺栓受力数据，采集完成后自动算出每个螺栓的标定系数并显示在下方的文本框中，用户可以保存数据或直接退出。注：标定不准确会造成数据的失真，一般建议标定 10 次以上，用户需记录每次数据值，最后做完数据处理输入到标定结果栏中，通过选择其中的单选框用户可以修改或记录标定数据。修改记录完保存，数据方可有效。

图 2-9-17　提示信息界面

⑤ 复位：此功能项会恢复程序到初始打开状态，但不会清除标定、校零、预紧力加载及系统参数值。

⑥ 理论曲线：此功能会显示动态的理论曲线图供用户参考，如图 2-9-18 所示。

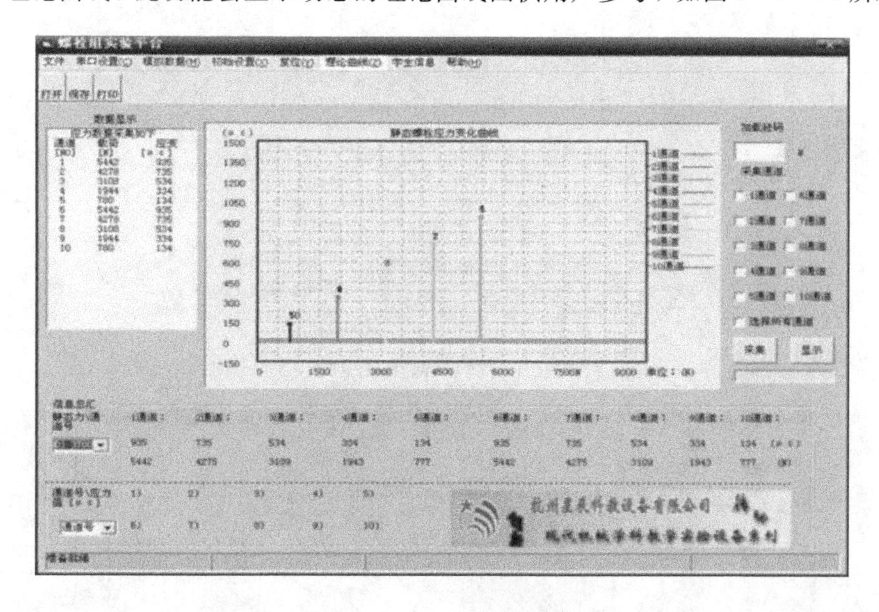

图 2-9-18　显示曲线界面

2) 实验操作方法及步骤

第一步：校零：松开螺栓组各螺栓。

点击工具栏中初始设置—校零，进入校零界面，如图 2-9-19 所示。点击“确定”按钮，系统就会自动校零。校零完毕后点击“退出”按钮，结束校零。

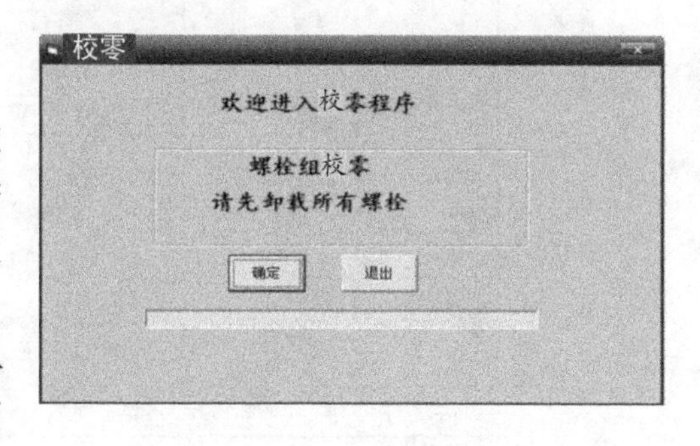

图 2-9-19　校零

第二步：给螺栓组加载预紧力：点击工具栏中初始设置—加载预紧力，出现如图 2-9-15 所示提示。

点击“确定”按钮，此时用户可以用扳手给螺栓组加载预紧力，(注：在加载预紧力时应注意始终使实验台上托架处于正确位置，即使螺栓垂直托架与实验台底座平行。)系统则自动采集螺栓组的受力数据并显示在数据窗口，用户可以通过数据显示窗口逐个调整螺栓的受力到 500Nε 应变左右，加载预紧力完毕。

第三步：给螺栓组加载砝码：加载前先在程序界面加载砝码文本框中输入所加载砝码的大小并选择所要检测的通道(如图 2－9－20 所示)。然后悬挂好所要加载的砝码，再点击“采集”按钮，此时系统则会把加载砝码后的数据实时的采集上来，等到采集上来的数据稳定时点击“停止”按钮，这时系统停止采集，并将数据用图像显示在应用程序界面上，如图 2－9－21 所示。

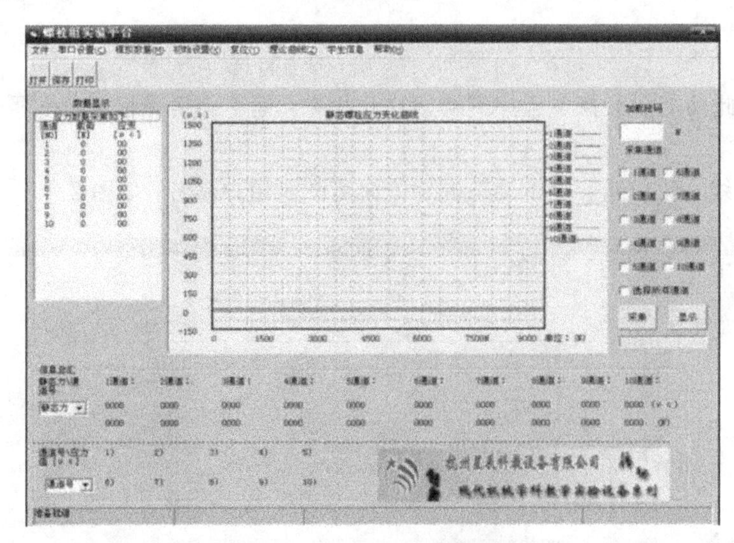

图 2－9－20　选择及加载

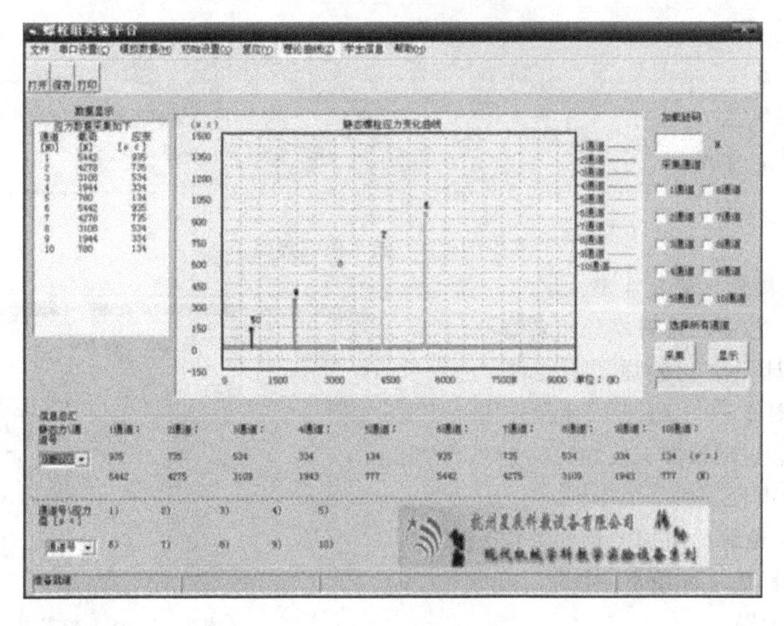

图 2－9－21　显示结果

4. 单螺栓静、动载试验

1）主界面及相关功能

单螺栓界面主要实现相对刚度测量和螺栓动载荷实验。工具栏有文件、串口设置、模拟数据、螺栓试验、初始设置、复位、理论曲线、学生信息和帮助等选项，如图 2－9－22

所示。

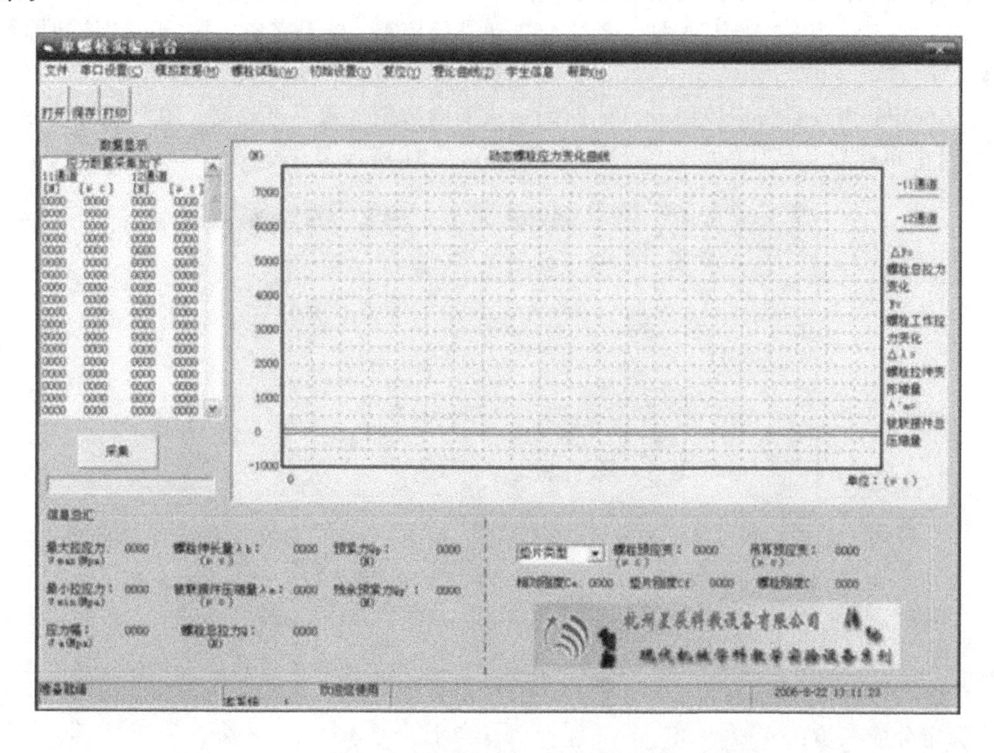

图 2-9-22 单螺栓实验平台界面

(1) 文件：打开——可打开之前保存的数据文件；保存数据——保存当前实验采集的数据；保存图片——保存当前显示的图片；打印——打印当前的图片、相关数据及系统的一些参数；另存为——同保存数据；退出——退出系统。

(2) 串口设置：如果计算串口选择的是端口 2，需要在串口设置中选择 COM2(默认 COM1)。

(3) 模拟数据：显示出厂设置中保存的模拟数据及图形。

(4) 螺栓试验：包括标准参数设置、相对刚度测量及动载荷实验。

(5) 初始设置：包括校零、标定、恢复出厂设置等。

① 校零：当用户第一次使用此设备或反复做本实验时需要校零，如图 2-9-23 所示。

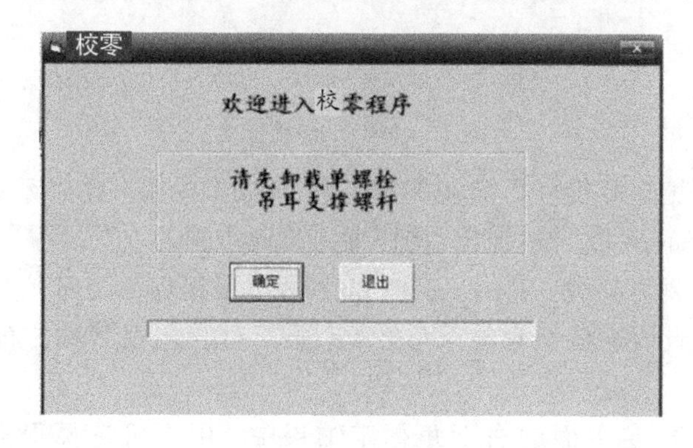

图 2-9-23 校零界面

校零前需先卸载单螺栓及吊耳支撑螺杆，即松开实验台中调整螺帽 1 和紧固螺母 6（见图2－9－5)，点击“确定”按钮，系统会自动进行校零，校零完毕后按“退出”按钮即结束校零。

② 标定：当设备长期使用或其他原因造成实验数据严重不准确时，用户可自行标定系统参数(即单螺栓及吊耳的标定系数)。如图 2－9－24 所示。

图 2－9－24　标定界面

标定分成三步：

第一步：校零，同上节校零功能。

第二步：螺栓预紧力加载如图 2－9－25 所示。

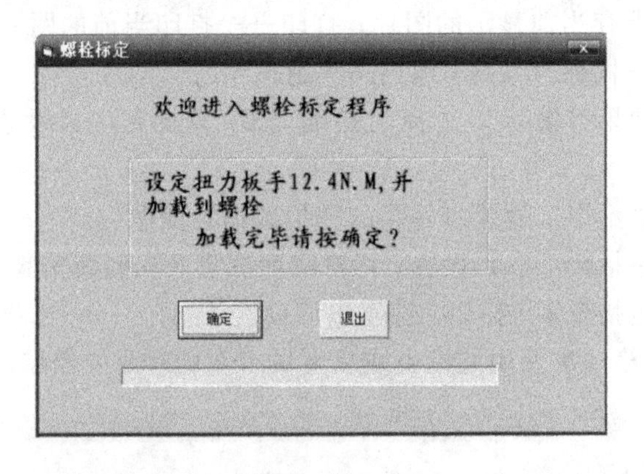

图 2－9－25　螺栓标定

根据界面提示信息，螺栓外力加载完毕后按“确定”按钮，此时系统会自动采集数据，最后计算出螺栓标定的系数，按“退出”按钮即退出此步骤。

第三步：吊耳预紧力加载，如图 2－9－26 所示。根据界面提示信息，吊耳外力加载完毕后按“确定”按钮，此时系统会自动采集数据，最后计算出吊耳标定的系数，按“退出”按钮即退出此步骤。

标定结果显示在标定界面的右下角标定结果中，用户可选择保存数据或直接退出。(注：标定不准确会造成数据的失真，一般建议标定 10 次以上，用户需记录每次数据值最

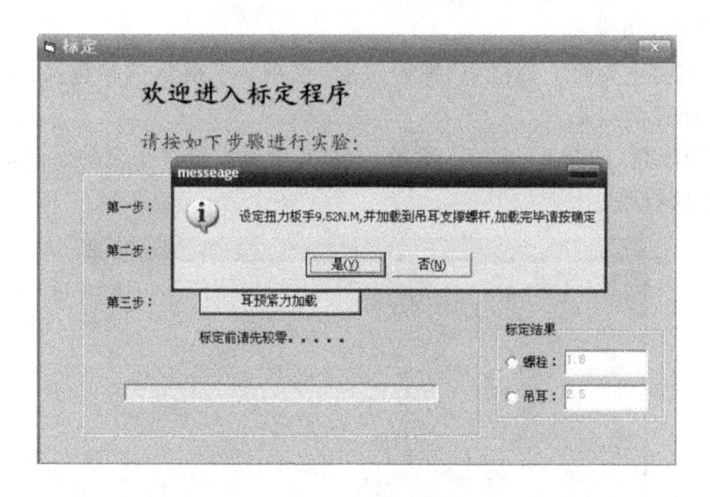

图 2-9-26　预紧力加载

后做完数据处理后输入到标定结果栏中，通过选择其中的单选框用户可以修改或记录标定数据。修改记录后需保存，数据方可有效。）

③ 恢复出厂设置：当用户因标定或修改其他系统参数后而不能正常使用此系统时选择此功能，恢复出厂设置会把系统数据恢复到原始出厂值。注：使用此功能会删除当前的所有数据且不能恢复。

（6）复位。此功能项会恢复程序到初始打开状态，但不会清除标定、校零、预紧力加载及系统参数值。

（7）理论曲线。此功能会显示动态的理论曲线图供用户参考，如图 2-9-27 所示。

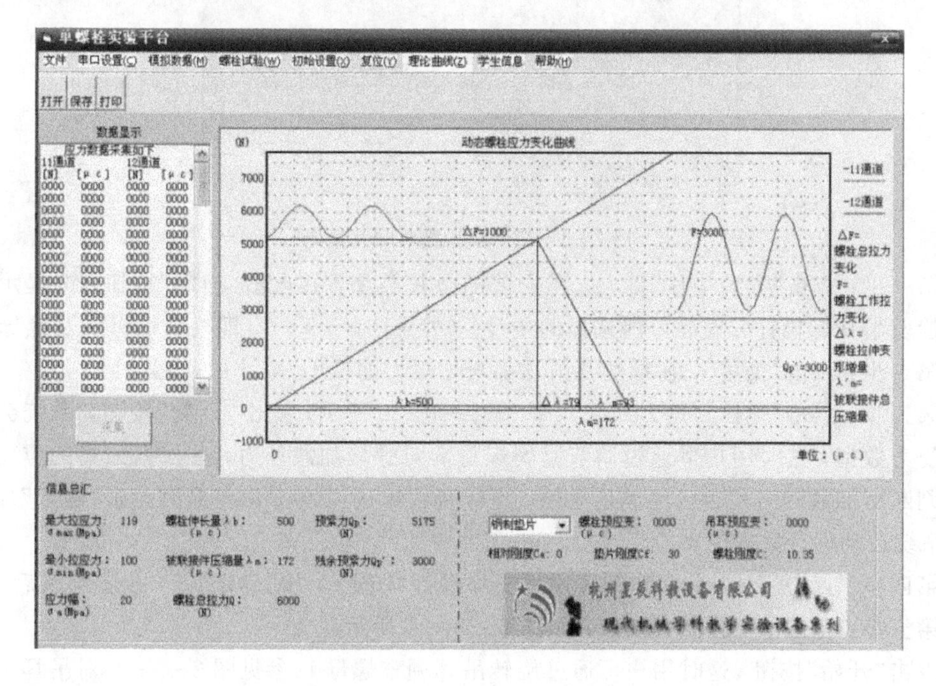

图 2-9-27　单螺栓动载试验

2）实验操作方法及步骤

点击单螺栓实验主界面工具栏中“螺栓试验”选项，单螺栓试验包括：标准参数设置、相对刚度测量及动载荷实验。

（1）标准参数设置（如图 2-9-28 所示）：如果更换设置中相应的器件，需修改其中的参数。（一般不建议修改）

图 2-9-28　螺栓参数计算公式

（2）相对刚度测量（如图 2-9-29 所示）。测量垫片的刚度，实验步骤如下：

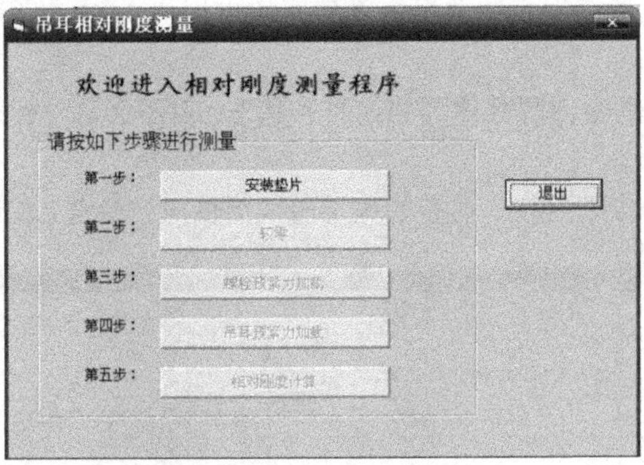

图 2-9-29　吊耳相对刚度测量

第一步：点击“安装垫片”键，选择安装的垫片类型，并点击“确定”按钮。按提示卸载单螺栓及吊耳螺栓杆并安装好所选择的垫片。（参见图 2-9-5，即松开螺母 1 及螺母 6）

第二步：点击“校零”，在螺栓及吊耳都未加载力前校零。

第三步：点击“螺栓预紧力加载”，如图 2-9-30 所示。点击“开始”按钮，系统会采集螺栓受力数据，这时用户可通过调节紧固螺母 6 对螺栓加载外力，并根据采集的应变数据值来判断所加载的力是否已经满足条件，当应变数据达到 500 $\mu\varepsilon$ 左右时点击“确定”加载完毕，系统自动保存数据退出。

第四步：点击吊耳校零，在卸载吊耳支撑螺杆状态下，按“确定”键。校零结束后退出。

第五步：点击吊耳预紧力加载，如图 2-9-31 所示。

点击“开始”按钮，这时用户可通过旋转吊耳调整螺母 1（参见图 2-9-3）对吊耳加载到提示值，按“确定”按钮结束预紧力加载。

第六步：点击相对刚度计算，如图 2-9-32 所示。

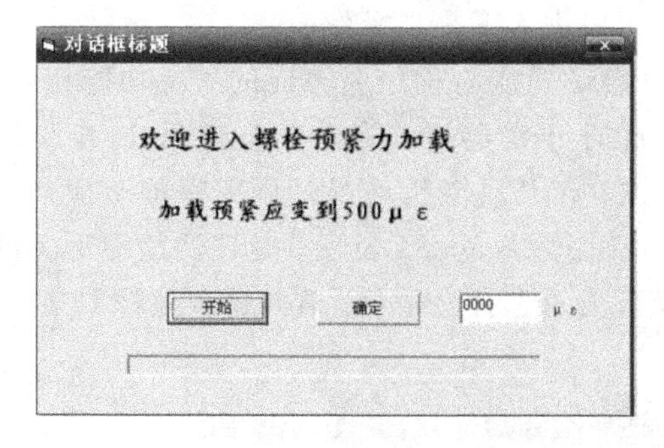

图 2-9-30　预紧力加载

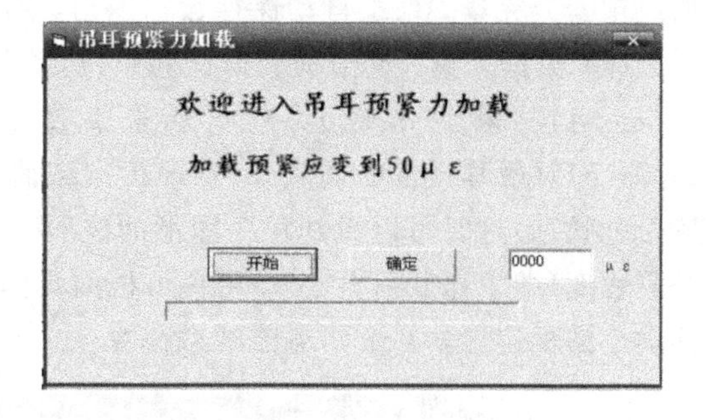

图 2-9-31　吊耳预紧力加载

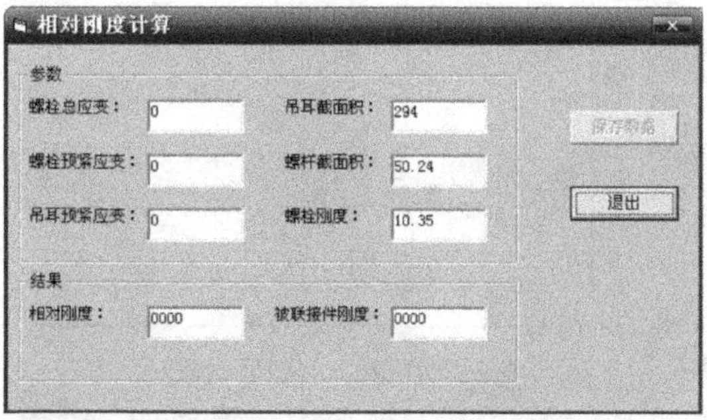

图 2-9-32　相对刚度计算

此操作会根据所采集的数据计算出相对刚度和被连接件刚度(垫片)，用户可对计算的数据保存，如不保存直接按“退出”按钮。

(3) 动载荷实验：包括校零、加载螺栓预紧力及数据采集。

见图 2-9-3，首先旋转调节丝杆 12 摇手，移动小溜板至最外侧位置，并将加载偏心轮 10 转到最低点位置。

① 校零。点击单螺栓实验台主界面工具栏中初始设置，操作方法见“初始设置”中的校零。

② 加载螺栓预紧力。打开单螺栓实验台主界面工具栏中“螺栓试验”点击动载荷试验中加载螺栓预紧力，如图 2-9-33 所示。

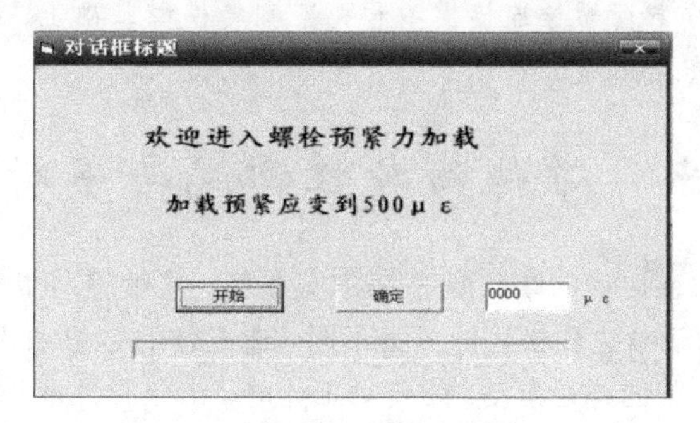

图 2-9-33　预紧力加载

点击“开始”，系统会采集螺栓受力数据，这时用户可以对螺栓加载外力，用户应慢慢拧紧紧固螺母 6(见图 2-9-3)，对螺栓加载预紧外力，并根据采集的数据所显示的应变值来判断所加载的力是否已经满足条件(也可以通过看程序图形显示的变化)，点击确定表示加载预紧力完毕，系统自动保存数据退出，用户可以进入下一步操作。

(4) 数据采集。点击动载荷试验中“启动”，(启动功能与程序主界面的采集功能相同，用户也可按“采集”按钮)系统开始采集数据。这时开启电机，旋动调整螺母 1(参见图 2-9-5)对吊耳慢慢的加载外力(即工作载荷)(注：在开启电机前吊耳调整螺母 1 应是保持松弛状态)这时可以看到程序图形的波形变化，如图 2-9-34 所示。旋转调整螺母 1 的松紧程度(即工作载荷大小)，用户可根据具体实验要求选择合适值。旋转调节丝杆 12 摇手移动小溜板位置，可微调螺栓动载荷变化。

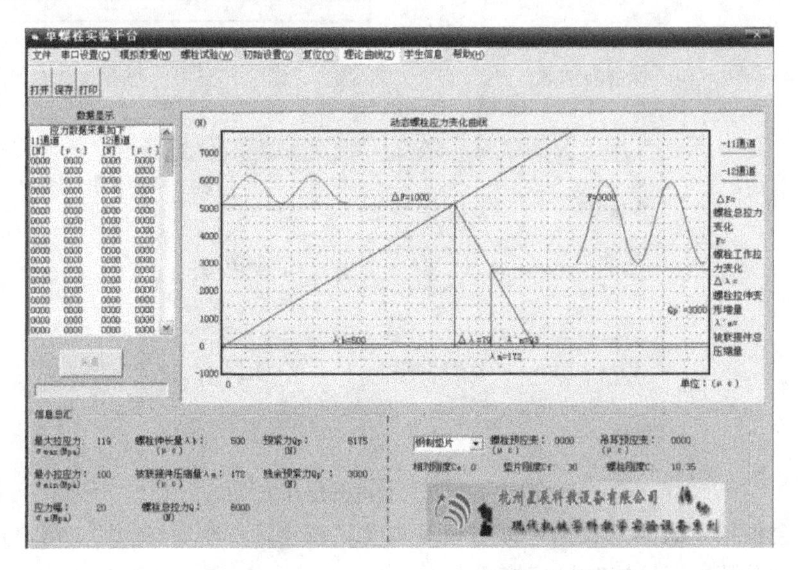

图 2-9-34　吊耳动载荷显示

注：启动前应先在主界面中选择当前设备使用的垫片类型。

四、思考题

1. 翻转中心不在 3 号、8 号位置，说明什么问题？

2. 被连接件刚度与螺栓刚度的大小对螺栓的动态应力分布有何影响？

3. 在正确理解轴向载荷螺栓连接模型和托架翻转模型基础上，分析理论计算和实验结果之间误差引起的原因。

实验十　带传动特性测试与分析实验

靠摩擦力传递动力或运动的摩擦型带传动(如平带、V 带等)，由于中间元件传动带所具有的挠性，也就是由于紧边和松边的拉力不同，造成带的紧边和松边的拉伸变形不同，因而不可避免地会产生带的弹性滑动。带传动工作时，由于弹性滑动的影响，造成带的摩擦发热和带的磨损，使传动效率降低。当工作载荷要求的有效圆周力 F 超过带与带轮间的摩擦力极限值时，带开始在轮面上打滑，滑动率 ε 值急剧上升，带传动失效。这就是带传动实验中的滑动率实验。本实验呈现出在带传动过程中，由于力矩的作用，平皮带产生滑动率的变化与效率的下降。

一、实验目的

（1）了解带传动试验台的结构和工作原理。

（2）掌握转矩、转速、转速差的测量方法，熟悉其操作步骤。

（3）观察带传动的弹性滑动及打滑现象。

（4）了解改变预紧力对带传动能力的影响。

二、实验内容与要求

（1）测试带传动转速 n_1、n_2 和扭矩 T_1、T_2。

（2）计算输入功率 P_1、输出功率 P_2、滑动率 ε、效率 η。

（3）绘制滑动率曲线 ε—P_2 和效率曲线 η—P_2。

三、DCS—Ⅱ型带传动实验台原理结构及基本参数测定方法

1. 机械结构

本实验台的机构部分主要由两台电机组成，如图 2-10-1 所示。其中一台作为原动机，另一台则作为负载的发电机。

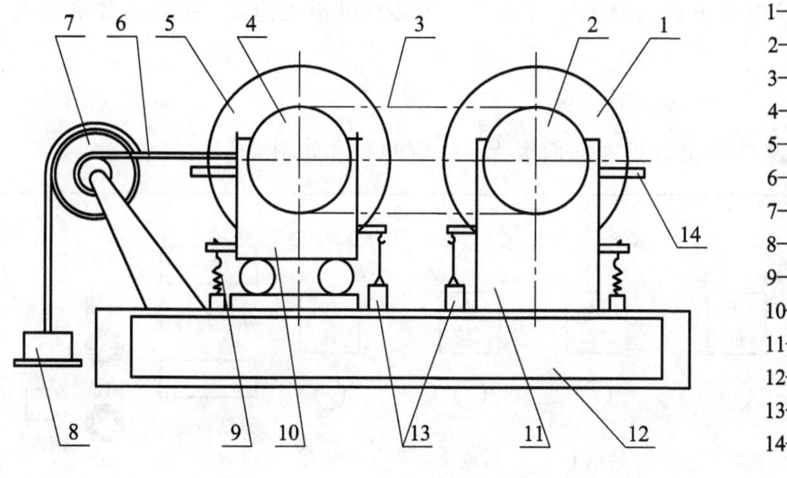

图 2-10-1　实验台机械结构

对于原动机，由可控硅整流装置供给电动机电枢以不同的端电压，实现无级调速。对于发电机，每按一下“加载”按键，即加上一个负载电阻，使发电机负载逐步增加，电枢电流增大，随之电磁转矩也增大，即发电机的负载转矩增大，实现了负载的改变。

两台电机均为悬挂支撑，当传递载荷时，作用于电机定子上的力矩 T_1（主动电机力矩）、T_2（从动电机力矩）迫使拉钩作用于拉力传感器 13，传感器输出的电信号正比于 T_1、T_2，因而可以作为测定 T_1、T_2 的原始信号。

原动机的机座设计成浮动结构（滚动滑槽），与牵引钢丝绳、定滑轮、砝码一起组成带传动预拉力形成机构，改变砝码大小，即可准确地预定带传动的预拉力 F_0。

两台电机的转速传感器（红外光电传感器）分别安装在带轮轮脊后的环形槽（本图未表

示)中，由此可获得必需的转速电信号。

2. 电子系统

电子系统的结构框图如图 2-10-2 所示。

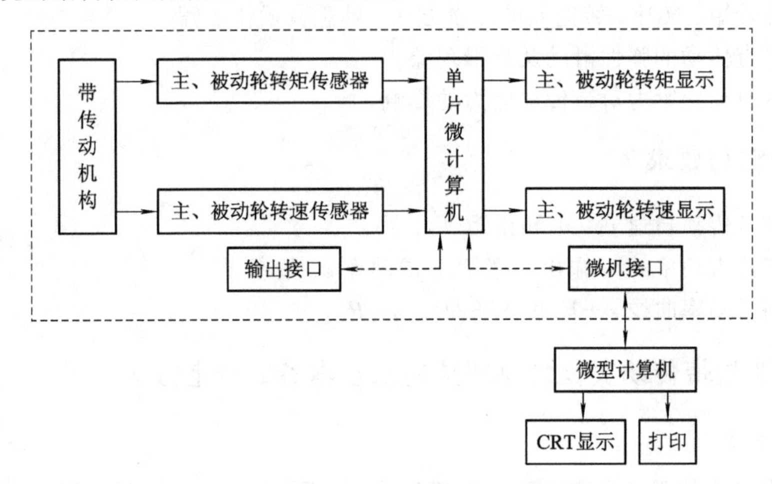

图 2-10-2 电子系统的结构框图

实验台内附设单片机，具有检测、数据处理、信息记忆、自动显示等功能。如通过微机接口外接 PC 机，这时就可自动显示并打印输出带传动的滑动曲线 $\varepsilon-T_2$ 和效率曲线 $\eta-T_2$ 及有关数据。

3. 操作部分

操作部分主要集中在机台正面的面板上，面板的布置如图 2-10-3 所示。

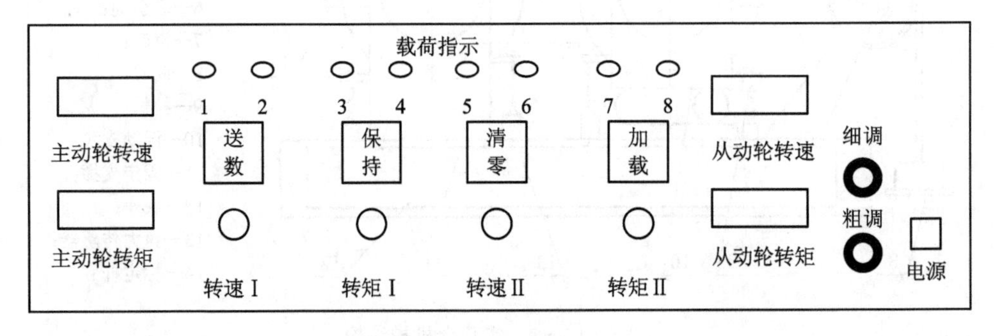

图 2-10-3 面板布置图

在机台背面备有微机 RS-232 接口、主动轮转矩Ⅰ及被动轮转矩Ⅱ的放大与调零旋钮等，其布置情况如图 2-10-4 所示。

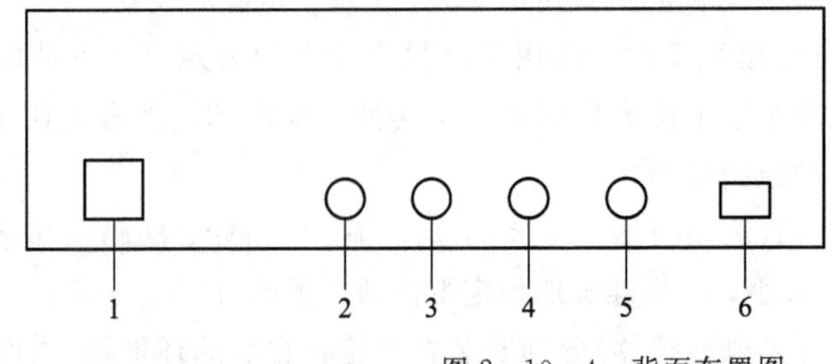

1—电源插座；
2—被动力矩放大倍数调节；
3—主动力矩放大倍数调节；
4—被动力矩调零；
5—主动力矩调零；
6—RS-232接口

图 2-10-4 背面布置图

4. 实验依据

由于带的弹性变形而引起的带与带轮间的相对滑动称为弹性滑动，由此引起从动轮圆周速度 v_2 低于主动轮圆周速度 v_1，其降低率用滑动率 ε 表示：

$$\varepsilon=\frac{v_1-v_2}{v_1}=\frac{\pi D_1 n_1-\pi D_2 n_2}{\pi D_1 n_1}\times 100\%=\left(1-i\frac{n_2}{n_1}\right)\times 100\% \qquad (2-10-1)$$

式中：ε——滑动率；

v_1——主动轮圆周速度；

v_2——从动轮圆周速度；

D_1、D_2——主、从动轮直径；

n_1、n_2——主、从动轮转速；

$i=1$（本实验中 $D_1=D_2$）。

传动效率 η

$$\eta=\frac{P_2}{P_1}=\frac{T_2 n_2}{T_1 n_1}\times 100\% \qquad (2-10-2)$$

式中：P_1、P_2——输入、输出功率。

工作中，确定带传动的最佳工作点及此时所传递的功率 P 具有重要意义。

带的最佳工作点应是 η_{max} 且滑动率不大（本实验取 $\varepsilon\approx 3\%$），有效拉力为 F，由实验曲线可确定 F 的大小

$$P=\frac{F\cdot v}{1000}\ (\mathrm{kW}) \qquad (2-10-3)$$

显然，实验条件相同且预紧力 F_0 一定时，滑动率的大小取决于负载的大小，F_1 与 F_2 之间的差值越大，则产生弹性滑动的范围也随之增大。当带在整个接触弧上都产生滑动时，就会沿带轮表面出现打滑现象，这时，带传动已不能正常工作。所以打滑现象是应该避免的。滑动曲线上临界点（A 和 B）所对应的有效拉力即不产生打滑现象时带所能传递的最大有效拉力。通常，我们以临界点为界，将曲线分为两个区，即弹性滑动区和打滑区（如图 2-10-5、图 2-10-6 所示）。

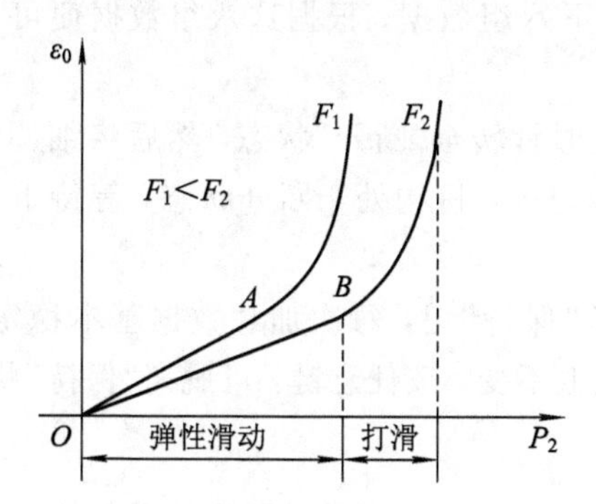

图 2-10-5　带传动滑动曲线

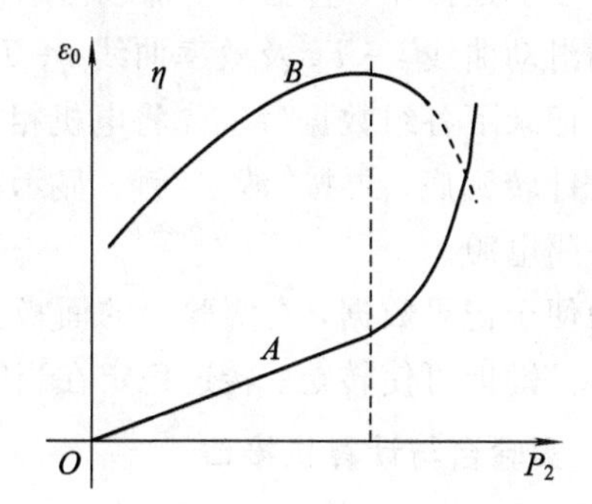

图 2-10-6　带传动效率曲线

实验证明，不同的预紧力具有不同的滑动曲线。其临界点对应的有效拉力也有所不同。从图 2-10-5 和图 2-10-6 可以看出，预紧力增大，其滑动曲线上的临界点所对应的功率 P_2 也随之增加，因此带传递负载的能力有所提高，但预紧力过大势必对带的疲劳寿命

产生不利的影响。

四、实验操作

1. 人工记录操作方法

1）设备调整

不同型号传动带需在不同预拉力 F_0 的条件下进行试验，也可对同一型号传动带采用不同的预拉力，试验不同预拉力对传动性能的影响。为了改变预拉力 F_0，如图 2-10-1 所示，只需改变砝码 8 的大小。

2）接通电源

在接通电源前首先将电机粗调电位器旋钮逆时针转到底，使开关"断开"，细调电位器旋钮逆时针旋到底，按下电源开关接通电源，按一下"清零"键此时主、被动电机转速显示为"0"，力矩显示为"."，实验系统处于"自动校零"状态。校零结束后，力矩显示为"0"。此时方可以启动电机。再将粗调调速旋钮顺时针向高速方向旋转，电机由启动逐渐增速，同时观察实验台面板上主动轮转速显示屏上的转速，其上的数字即为当时的电机转速。当主电机转速达到预定转速(本实验建议预定转速为 1300～1400 r/min)时，停止转速调节。此时从动电机转速也将稳定地显示在显示屏上。

3）加载

在空载时，记录主、被动轮转矩与转速。按"加载"键一次，第 1 个加载指示灯亮，调整主动电机转速，(此时，只需使用细调电位器进行转速调节)使其仍保持在预定工作转速内，待显示基本稳定(一般 LED 显示器跳动 2、3 次即可达到稳定值)记下主、被动轮的转矩及转速值。

再按"加载"键一次，第 2 个加载指示灯亮，再调整主动电机转速(用细调电位器)，仍保持预定转速，待显示稳定后再次记下主、被动轮的转矩及转速。

第三次按"加载"键，第 3 个加载指示灯亮，操作同前次，记录下主、被动轮的转矩、转速。

重复上述操作，直至 7 个加载指示灯亮，记录下八组数据。根据这八组数据便可作出带传动滑动曲线 $\varepsilon-T_2$ 及效率曲线 $\eta-T_2$。

在记录下各组数据后应先将电机粗调速旋钮逆时针转至"断开"状态，然后将细调电位器逆时针转到底，再按"清零"键。显示指示灯全部熄灭，机构处于断开状态，等待下次实验或关闭电源。

为便于记录数据，在实验台的面板上还设置了"保持"键，每次加载数据基本稳定后，按"保持"键即可使转矩、转速稳定在当时的显示值上不变。按任意键，可脱离"保持"状态。

2. 实验台与计算机接口

在 DCS-Ⅱ型带传动实验台后板上设有 RS-232 串行接口，可通过所附的通信线直接和计算机相连，组成带传动实验系统，操作步骤如下：

(1) 将随机携带的通信线一端接到实验机构 RS-232 插座，另一端接到计算机串行输出口(串行口 1# 或串行口 2# 均可，但无论连线或拆线，都应先关闭计算机和实验机构电源，以免烧坏接口元件)。

(2) 打开计算机，运行带传动实验系统，首先选择端口，然后用鼠标点击“数据采集”菜单，等待数据输入。

(3) 将实验台的调速电位器逆时针转到底，使开关断开。打开实验机构电源，按“清零”键，几秒钟后，数码管显示“零”，自动校零完成。

(4) 顺时针转动调速电位器，开关接通并使主动轮转速稳定在工作转速(一般取1300～1400 r/min左右)，按下“加载”键再调整主动转速，使其仍保持在工作转速范围内，待转速稳定(一般需2至3个显示周期)后，再按“加载”键，如此往复，直至实验机构面板上的8个发光管指示灯全亮为止。此时，实验台面板上4组数码管将全部显示“8888”，表明所采数据已全部送至计算机。

(5) 当实验机构全部显示“8888”时，计算机屏幕将显示所采集的全部8组主、被动轮的转速和转矩。此时应将电机调速电位器逆时针转到底，使开关断开。

(6) 移动鼠标，选择“数据分析”功能，屏幕将显示本次实验的曲线和数据。如果在此次采集过程中采集的数据有问题，或者采不到数据，可点击串口选择下拉菜单，选择较高级的机型，或者选择另一端口。

(7) 数据拟合是指将一个测试周期所采集的8组效率数据与8组滑差率数据依据所选拟合方程绘制出曲线的过程。

(8) 移动鼠标至“打印”功能，打印机将打印实验曲线和数据。实验曲线和数据如图2-10-7所示。

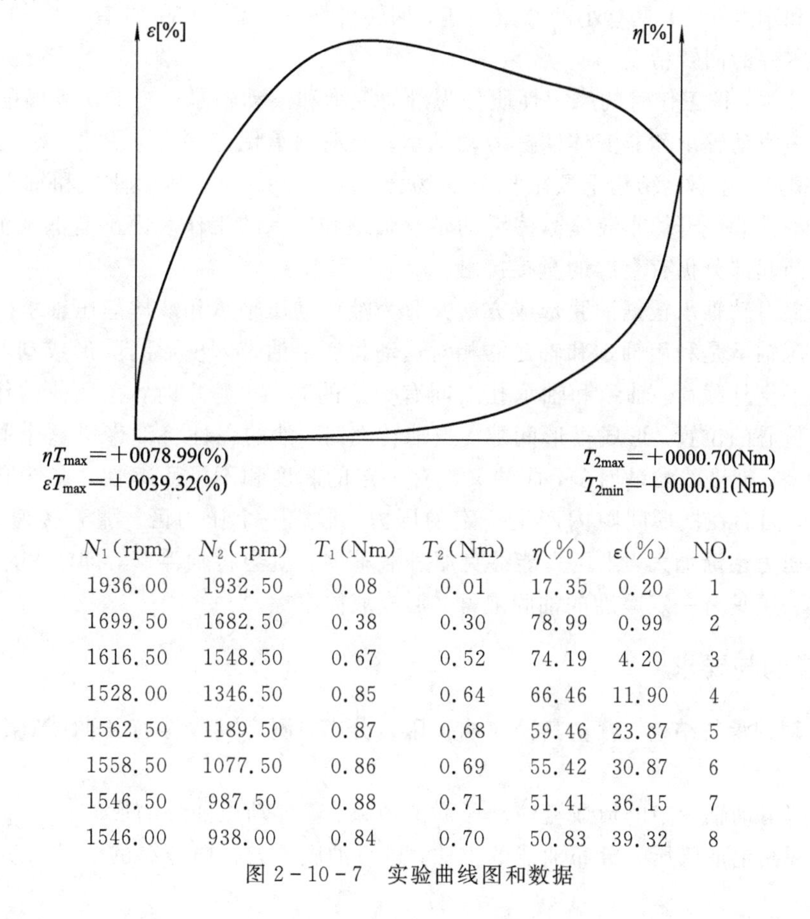

N_1(rpm)	N_2(rpm)	T_1(Nm)	T_2(Nm)	η(%)	ε(%)	NO.
1936.00	1932.50	0.08	0.01	17.35	0.20	1
1699.50	1682.50	0.38	0.30	78.99	0.99	2
1616.50	1548.50	0.67	0.52	74.19	4.20	3
1528.00	1346.50	0.85	0.64	66.46	11.90	4
1562.50	1189.50	0.87	0.68	59.46	23.87	5
1558.50	1077.50	0.86	0.69	55.42	30.87	6
1546.50	987.50	0.88	0.71	51.41	36.15	7
1546.00	938.00	0.84	0.70	50.83	39.32	8

图2-10-7　实验曲线图和数据

(9) 实验过程中如需调出本次数据，只需用鼠标点击“数据采集”功能，同时，按下实验机构的“送数”键，数据即被送至计算机，可用上述(7)、(8)项操作进行画图和打印。

(10) 一次实验结束后如需继续实验，应“断开”调速电位器，将调速电位器逆时针旋到底，并按下实验机构的“清零”键，进行“自动校零”。同时选中计算机屏幕中的“数据采集”菜单，重复上述第(4)～(8)项即可。

(11) 实验结束后，将实验台电机调速电位器开关关断，关闭实验机构的电源，用鼠标点击“退出”，关闭计算机。

五、思考题

1. 带传动的弹性滑动和打滑现象有何区别？它们各自产生的原因是什么？
2. 带传动的预紧力对带的传动能力有何影响？
3. 分析滑动率曲线与效率曲线的关系。
4. 观察实验，将观察到的带传动工作过程记录下来，并试分析该现象产生的原因。
5. 什么是带的失效？产生带失效可能的原因有哪些？

实验十一　液体动压轴承实验

轴承的功用：用来支承轴及轴上零件。轴承的基本要求：(1) 能承担一定的载荷，具有一定的强度和刚度；(2) 具有小的摩擦力矩，回转件转动灵活；(3) 具有一定的支承精度，保证被支承零件的回转精度。

轴承的分类：按工作时的摩擦性质分为滑动轴承和滚动轴承；按工作表面的摩擦状态分为液体摩擦滑动轴承和非液体摩擦滑动轴承。滚动轴承优点多，应用广。滑动轴承适用于高速、高精度、重载、结构上要求剖分的场合。液体摩擦滑动轴承轴颈和轴承的工作表面被一层润滑油膜隔开。非液体摩擦滑动轴承轴颈和轴承的工作表面虽有润滑油存在，但在表面局部凸起部分仍有金属的直接接触。

液体摩擦滑动轴承根据油膜形成方法又分为液体动压轴承和液体静压轴承。

液体动压轴承是利用轴颈和轴瓦的相对运动将润滑油带入楔形间隙形成动压油膜，靠液体的动压平衡外载荷。轴颈和轴承孔之间有一定的间隙。静止时，在载荷的作用下，轴在孔内处于偏心的位置，形成楔形间隙。当轴转动时，油的黏性将油带进这个间隙。随着轴转速的增高，带进的油量增多，而油又具有一定的黏度和不可压缩性，在楔形缝隙中产生挤压现象，因而在楔形间隙内产生一定的压力，形成一个压力区。随着转速继续增高，楔形间隙中压力逐渐加大，当压力能够克服外载荷时，就会将轴浮起，即轴和轴承的工作表面完全被一层具有一定厚度的油膜隔开，形成液体摩擦。

一、实验目的与要求

观察滑动轴承的结构，测量其径向油膜压力分布，测定其摩擦特征曲线。实验要求完成以下内容：

(1) 了解滑动轴承中的形成流体动压润滑现象，验证动压油膜的形成；

(2) 掌握测定油膜压力分布曲线的方法，进行油膜压力径向分布的测试与仿真分析；

(3) 了解影响油膜承载能力的因素；

(4) 了解滑动轴承的摩擦状态及其特点，从而了解形成液体摩擦状态应具备的条件，掌握液体动压轴承摩擦特征曲线的测定方法；

(5) 掌握液体动压滑动轴承摩擦系数的测定原理与方法。

二、实验内容

(1) 测定和绘制径向滑动轴承径向油膜压力曲线，求轴承的承载能力。

(2) 观察载荷和转速改变时油膜压力的变化情况。

(3) 观察径向滑动轴承油膜的径向压力分布情况。

(4) 分析影响油膜承载能力的因素，观察滑动轴承的润滑状态。

(5) 在固定载荷下改变速度，测定滑动轴承在启动状态的干摩擦系数，并绘制湿摩擦状态的摩擦特性曲线。

三、实验系统

1. 实验系统组成

轴承实验台的系统框图如图 2-11-1 所示。

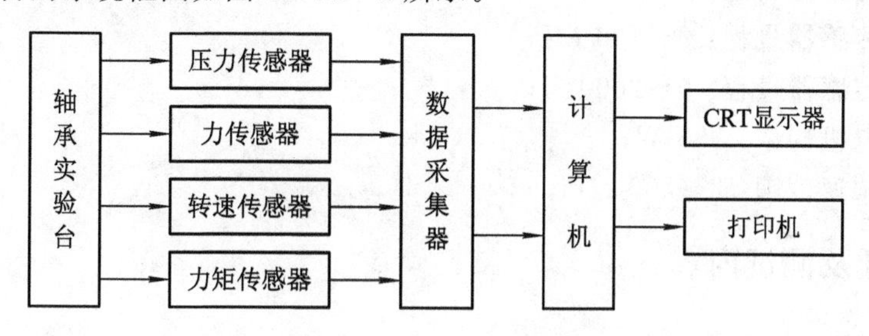

图 2-11-1　系统框图

该实验台由以下设备组成：

(1) 轴承实验台——轴承实验台的机械结构；

(2) 压力传感器——共 7 个，用于测量轴瓦上油膜压力分布值；

(3) 力传感器——1 个，测量外加载荷值；

(4) 转速传感器——测量主轴转速；

(5) 力矩传感器——1 个，测量摩擦力矩；

(6) 单片机；

(7) PC 机；

(8) 打印机。

2. 实验系统结构

滑动轴承试验台示意结构图如图 2-11-2 所示。

试验台启动后，由电机 1 通过皮带带动主轴 7 在油槽 9 中转动，在油膜黏力作用下通过摩擦力传感器 3 测出主轴旋转时受到的摩擦力矩；当润滑油充满整个轴瓦内壁后，轴瓦上的 4 压力传感器 4 可分别测出分布在其上的油膜压力值；待稳定工作后由温度传感器 t_1 测出入油口的油温，t_2 测出出油口的油温。(t_1、t_2 图中未示出)

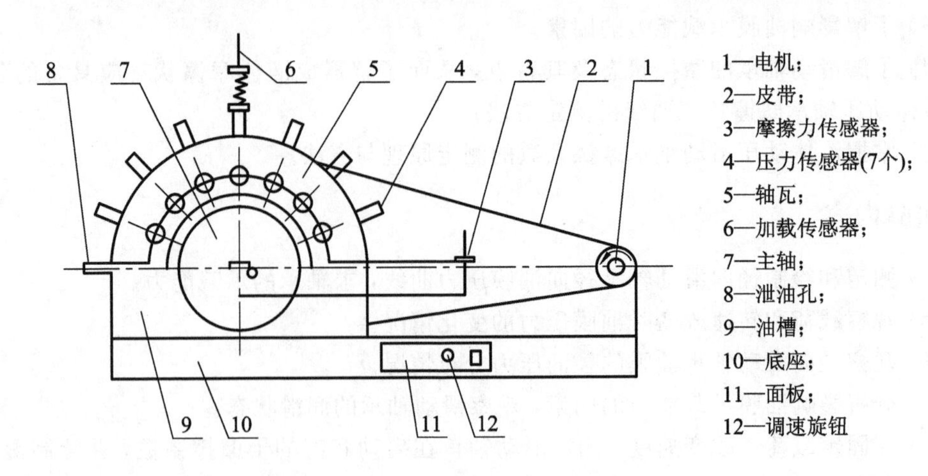

图 2-11-2　滑动轴承试验台结构示意图

3. 实验系统主要技术参数

(1) 实验轴瓦：内径 d=70 mm，长度 L=125 mm；

(2) 加载范围：0～1800 N；

(3) 摩擦力传感器量程：50 N；

(4) 压力传感器量程：0～1.0 MPa；

(5) 加载传感器量程：0～2000 N；

(6) 直流电机功率：355 W；

(7) 主轴调速范围：2～500 r/m。

四、实验原理及测试内容

1. 实验原理

滑动轴承动压润滑油膜的形成过程如图 2-11-3 所示。当轴静止时，轴承孔与轴颈直接接触，如图 2-11-3(a)所示。径向间隙 Δ 使轴颈与轴承的配合面之间形成楔形间隙，其间充满润滑油。由于润滑油具有黏性并附着于零件表面的特性，因而当轴颈回转时，依靠附着在轴颈上的油层带动润滑油挤入楔形间隙。因为通过楔形间隙的润滑油质量不变(流体连续运动原理)，而楔形间隙的截面逐渐变小，润滑油分子间相互挤压，从而油层中必然产生流体动压力，它力图挤开配合面，达到支承外载荷的目的。当各种参数协调时，液体

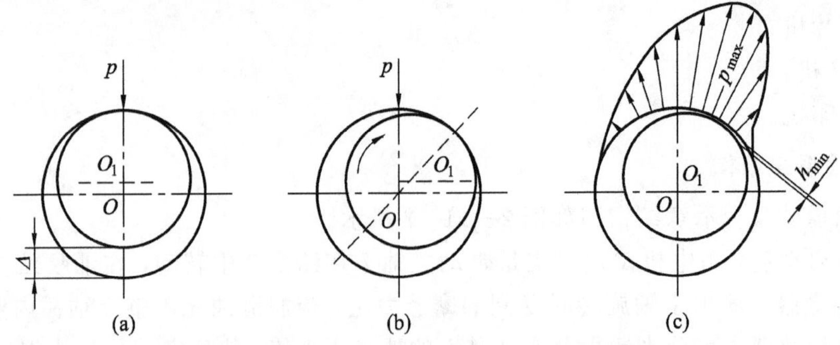

图 2-11-3　液体动压润滑膜的形成过程

动压力能保证轴的中心与轴瓦中心有一偏心距 e_0，最小油膜厚度 $h_{\min}$存在于轴颈与轴承孔的中心连线上。液体动压力的分布如图 2-11-3(c)所示。

液体动压润滑能否建立，通常用 f—λ 曲线来判别。图 2-11-4 中 f 为轴颈与轴承之间的摩擦系数，λ 为轴承特性系数，它与轴的转速 n，润滑油动力黏度 η、润滑油压强 p 之间的关系为

$$\lambda = \frac{\eta n}{p} \tag{2-11-1}$$

式中：n——轴转速；

η——润滑油动力黏度；

p——单位面积载荷，

$$p = \frac{F_r}{l_1 d}\ (\mathrm{N/mm^2})$$

式中：F_r——轴承承受的径向载荷；

d——轴承的孔径，本实验中，d=70 mm；

l_1——轴承有效工作长度，取 l_1=125 mm。

如图 2-11-4 所示，当轴颈开始转动时，速度极低，这时轴颈和轴承主要是金属相接触，产生的摩擦为金属间的直接摩擦，摩擦阻力最大。随着转速的增大，轴颈表面的圆周速度增大，带入油楔内的油量也逐渐增加，则金属接触面被润滑油分隔开的面积也逐渐加大，因而摩擦阻力也就逐渐减小。

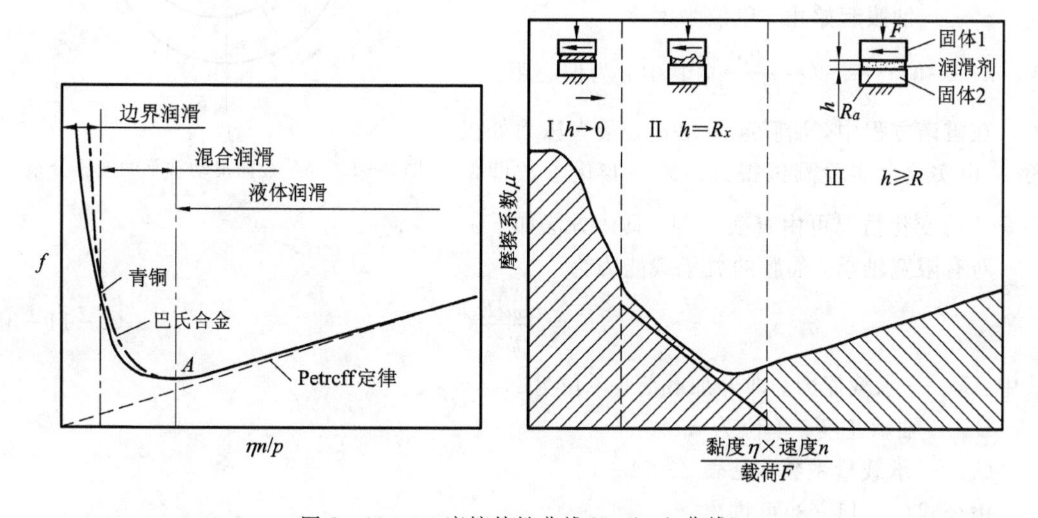

图 2-11-4　摩擦特性曲线(Stribeck 曲线)

当轴速度增加到一定大小之后，已能带入足够把金属接触面分开的油量，油层内的压力已增加到能支承轴颈上外载荷程度，轴承就开始按照液体摩擦状态工作。此时，由于轴承内的摩擦阻力仅为液体的内阻力，故摩擦系数达到最小值，如图 2-11-4 所示摩擦特性曲线上的 A 点。

当轴颈转速进一步加大时，轴颈表面的速度亦进一步增大，使油层间的相对速度增大，故液体的内摩擦也就增大，轴承的摩擦系数也随之上升。

特性曲线上的 A 点是轴承由混合润滑向液体润滑转变的临界点。此点的摩擦系数最

小，此点相对应的轴承特性系数称为临界特性系数，以λ表示。A点之右，即$\lambda>\lambda_0$区域为流体润滑状态；A点之左，即$\lambda<\lambda_0$区域称为边界润滑状态。

根据不同条件所测得的f和λ值，可以作出$f-\lambda$曲线。该曲线用以判别轴承的润滑状态，以及能否实现在流体润滑状态下工作。

2. 油膜压力测试实验

1）理论计算压力

图 2-11-5 为轴承工作时轴颈的位置。

根据流体动力润滑的雷诺方程，从油膜起始角φ_1到任意角φ的压力为

$$p_\varphi = 6\eta\frac{\omega}{\psi^2}\int_{\varphi_1}^{\varphi}\frac{\chi(\cos\varphi-\cos\varphi_0)}{(1+\chi\cos\varphi)^3}\mathrm{d}\varphi \tag{2-11-2}$$

式中：P_φ——任意位置的压力，单位为 Pa；

η——油膜黏度；

ω——主轴转速，单位为 rad/s；

ψ——相对间隙，$\psi=\dfrac{D-d}{d}$，其中D为轴承孔直径，d为轴直径；

φ——油压任意角，单位为度；

φ_0——最大压力处极角，单位为度；

φ_1——油膜起始角，单位为度；

χ——偏心率，$\chi=\dfrac{2e}{D-d}$，其中e为偏心距。

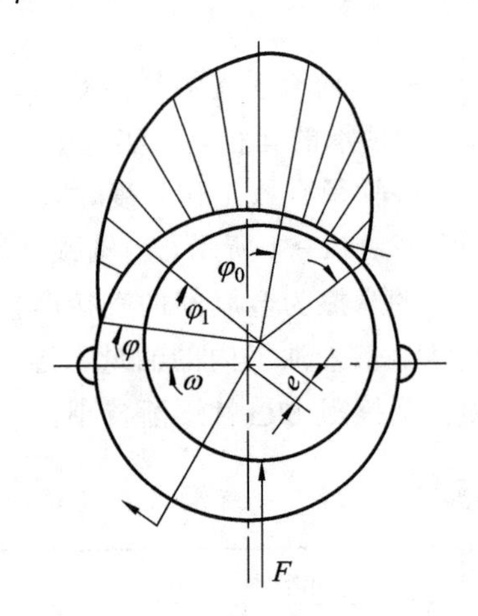

图 2-11-5　径向滑动轴承的油压分布

在雷诺方程中，油膜起始角φ_1、最大压力处极角φ_0由实验台实验测试得到。另一变化参数即偏心率χ的变化情况可由查表得到。具体方法如下：

对有限宽轴承，油膜的总承载能力为

$$F=\frac{\eta\omega dB}{\psi^2}C_\mathrm{p} \tag{2-11-3}$$

式中：F——承载能力，即外加载荷，单位为 N；

B——轴承宽度，单位为 mm；

C_p——承载量系数，见表 2-11-1。

由公式(2-11-3)可推出：

$$C_\mathrm{p}=\frac{F\psi_2}{\eta\omega dB} \tag{2-11-4}$$

由公式(2-11-4)计算得承载量系数C_p后，查表可得到在不同转速、不同外加载荷下的偏心率情况。

注：若所查得参数、系数超出了表中所列的，可用插入值法进行推算。

2）实际测量压力

如图 2-11-2 所示，启动电机，控制主轴转速，并施加一定工作载荷，运转一定时间轴承中形成压力油膜。压力传感器 4 用于测量轴瓦表面每隔 22°角处的七点油膜压力值，

并经 A/D 转换器送往微机中显示这些压力值。

利用实验台配套软件可以分别作出油膜实际压力分布曲线和理论分布曲线，比较两者间的差异。

3. 摩擦特性实验

1）理论摩擦系数

理论摩擦系数的计算公式如下：

$$f = \frac{\pi}{\psi}\frac{\eta\omega}{p} + 0.55\psi\varepsilon \tag{2-11-5}$$

式中：f ——摩擦系数；

p ——轴承平均压力，$p=\dfrac{F}{dB}$，单位为 Pa；

ε——随轴承宽径比而变化的系数，对于 $B/d<1$ 的轴承，$\varepsilon=1.5$，当 $B/d\geqslant1$ 时，$\varepsilon=1$；

ψ——相对间隙，$\psi=\dfrac{D-d}{d}$。

由公式(2-11-5)可知，理论摩擦系数 f 的大小与油膜黏度 η、转速 ω 和平均压力 p（也即外加载荷 F）有关。在使用同一种润滑油的前提下，黏度 η 的变化与油膜温度有关，由于不是在长时间工作的情况下，油膜温度变化不大，因此在本实验系统中暂时不考虑黏度因素。

2）测量摩擦系数

如图 2-11-2 所示，在轴瓦中心引出一压力传感器(图中未示出)，用以测量轴承工作时的摩擦力矩，进而换算得摩擦系数值。对摩擦力的分析如图2-11-6 所示。

$$\sum Fr = NL \tag{2-11-6}$$

$$\sum F = fF \tag{2-11-7}$$

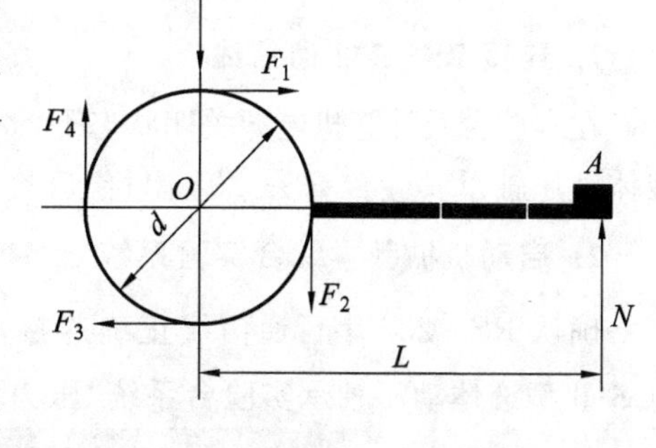

图 2-11-6　轴径圆周表面摩擦力分析

式中：$\sum F$—— 圆周上各切点摩擦力之和，$\sum F = F_1 + F_2 + F_3 + \cdots$；

r——圆周半径；

N——压力传感器测得的力；

L——力臂；

F ——外加载荷力；

f ——摩擦系数。

所以可得实测摩擦系数公式：

$$f = \frac{NL}{Fr} \tag{2-11-8}$$

4. 轴承实验中其他重要参数

在轴承实验中还有一些比较重要的参数，下面再分别作一介绍。

(1) 轴承的平均压力 p(单位为 MPa)。

$$p = \frac{F}{dB} \leqslant [p] \tag{2-11-9}$$

式中：F ——外加载荷，单位为 N；

B ——轴承宽度，单位为 mm；

d ——轴径直径，单位为 mm；

$[p]$——轴瓦材料许用压力，单位为 MPa，其值可查手册。

(2) 轴承 pv 值(单位为 MPa·m/s)。

轴承的发热量与其单位面积上的摩擦功耗 fpv 成正比(f 是摩擦系数)，限制 pv 值就是限制轴承的温升。

$$\mathrm{pv} = \frac{F}{Bd}\,\frac{\pi dn}{60 \times 1000} = \frac{Fn}{19100B} \leqslant [\mathrm{pv}] \tag{2-11-10}$$

式中：v ——轴颈圆周速度，m/s；

$[pv]$——轴承材料 pv 许用值，单位为 MPa·m/s，其值可查手册。

(3) 最小油膜厚度 $h_{\min}$。

$$h_{\min} = r\psi(1 - \chi) \tag{2-11-11}$$

式中各参数说明见前。

四、实验操作步骤

(一) 系统连接及启动

1. 连接 RS-232 通信线

在实验台及计算机电源关闭状态下，将标准 RS-232 通信线分别接入计算机及 ZCS-Ⅱ型液体动压轴承实验台 RS-232 串行接口。

2. 启动机械教学综合实验系统

确认 RS-232 串行通信线正确连接，开启电脑，点击“轴承实验台Ⅱ”图标，进入 ZCS-Ⅱ型液体动压轴承实验台系统“压力分布实验”主界面，如图 2-11-7 所示。

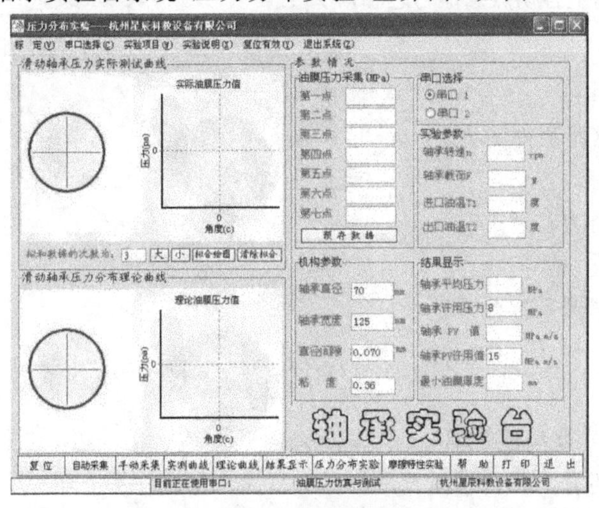

图 2-11-7 “压力分布实验”主界面

(二) 摩擦特性测试实验

滑动轴承的摩擦特性曲线如图 2-11-8 所示。参数 η 为润滑油的动力黏度，润滑油的黏度受到压力与温度的影响，由于实验过程时间短，润滑油的温度变化不大；润滑油的压力一般低于 20 MPa，因此可以认为润滑油的动力黏度近似是一个常数。根据查表可得 N46 号机械油在 20℃时的动力粘度为 0.34Pa·s。n 为轴的转速，是一个实验中可调节的参数。轴承中的平均比压可用下式计算：

$$P = \frac{F_r}{B_d} \tag{2-11-12}$$

在实验中，通过调节轴的转速 n 或外加轴承径向载荷 F_r，从而改变 $\eta n/p$，将各种转速 n 及载荷 F_r 所对应的摩擦力矩测出，由式(2-11-5)求出摩擦系数 f 并画出 $f-n$ 及 $f-F_r$ 曲线。

1. 载荷固定，改变转速

1) 确定实验模式

打开轴承实验主界面，点击“摩擦特性实验”选项，进入“摩擦特性实验”主界面，如图 2-11-8 所示。

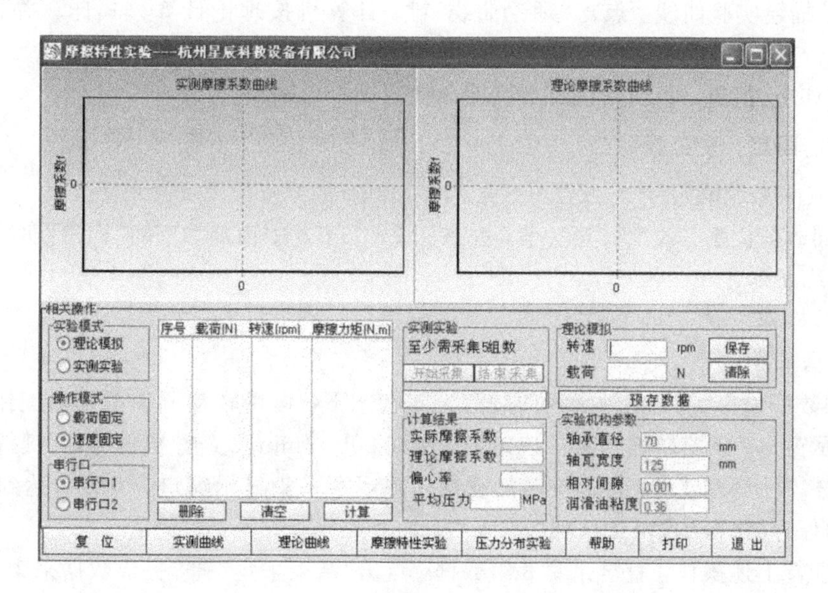

图 2-11-8 “摩擦特性实验”主界面

点击图 2-11-8 中选中“实测实验”及“载荷固定”模式，进入“载荷固定”实验模式。

2) 系统复位

放松加载螺杆，确认载荷为空载，将电机调速电位器旋钮逆时针旋到底(即零转速)。顺时针旋动轴瓦上端的螺钉，将轴瓦顶起，将润滑油放净，然后放松该螺钉，使轴瓦和轴充分接触。点击“复位”键，计算机采集摩擦力矩传感器当前输出值，并将此值作为“零点”保存。

3) 数据采集

系统复位后，在转速为零状态下点击“数据采集”键，慢慢旋转实验台加载螺杆，观察数据采集显示窗口，设定载荷为 200～300N。慢慢转动电机调速电位器旋钮并观察数据采集窗口，此时轴瓦与轴处于边界润滑状态，摩擦力矩会出现较大增加值。由于边界润滑状态不会非常稳定，应及时点击“数据保存”键将这些数据保存(一般5～8个点即可)。

此种状态为轴瓦与轴处于边界润滑状态，也即轴与轴瓦的干摩擦或者半干摩擦状态，记录下这些测出的摩擦力矩数据，以便求出轴与轴瓦之间的干摩擦系数。结束采集，清空数据。

重新在转速为零状态下点击“数据采集”键，慢慢旋转实验台加载螺杆，观察数据采集显示窗口，设定载荷为500～600N。慢慢转动电机调速电位器旋钮并观察数据采集窗口，此时轴瓦与轴处于边界润滑状态，摩擦力矩会出现较大增加值，由于边界润滑状态不会非常稳定，应及时点击“数据保存”键将这些数据保存。随着主轴转速增加，机油将进入轴与轴瓦之间，轴承从而进入混合摩擦。此时 $\eta n/p$ 的改变引起摩擦系数 f 的急剧变化，在刚形成液体摩擦时，摩擦系数 f 达到最小值。继续增加主轴转速进入液体摩擦阶段，随着 $\eta n/p$ 的增大，即 n 增加，油膜厚度及摩擦系数 f 也成线性增加，保存8个左右采样点即完成数据采集。点击“结束采集”键完成数据采集。

4) 绘制测试曲线

点击“实测曲线”键，计算机根据所测数据自动显示 $f-n$ 曲线。也可由学生抄录测试数据，手工描绘实验曲线。点击“理论曲线”键，计算机按理论计算公式计算并显示 $f-n$ 曲线。

按“打印”功能链，可将所测试数据及曲线自动打印输出。

2. 转速固定，改变载荷

1) 确定实验模式

操作同载荷固定，改变转速一节，并在图2-11-8中设定为“转速固定”实验模式。

2) 系统复位

同上节操作。

3) 数据采集

点击“数据采集”键，在轴承径向载荷为零状态下，慢慢转动调速电位器旋钮，观察数据采集显示窗口，设定转速为某一确定值，例如200 r/min，点击“数据保存”键得到第一组数据；点击“数据采集”键，慢慢旋转加载螺杆并观察采集显示窗口，当载荷达到预定值时点击“数据保存”键得到第二组数据。

反复进行上述操作，直至采集8组数据，点击“结束采集”键，完成数据采集。

4) 绘制测试曲线

方法同上节，可显示或打印输出实测 $f-F$ 曲线及理论 $f-F$ 曲线。同样也可由学生手工绘制。

(三) 油膜压力测试实验

滑动轴承实验系统油膜“压力分布实验”主界面如图2-11-7所示。

1. 系统复位

放松加载螺杆，确认载荷为空载，将电机调速电位器旋钮逆时针旋到底(即零转速)。顺时针旋动轴瓦上端的螺钉，将轴瓦顶起，将润滑油放净，然后放松该螺钉，使轴瓦和轴充分接触。

点击"复位"键，计算机采集 7 路油膜压力传感器初始值，并将此值作为"零点"储存。

2. 油膜压力测试

点击"自动采集"键，系统进入自动采集状态，计算机实时采集 7 路压力传感器、实验台主轴转速传感器及工作载荷传感器输出的电压信号，进行"采样—处理—显示"。慢慢转动电机调速电位器旋钮启动电机，使主轴转速达到实验预定值(一般 $n \leqslant 250$ r/min)。

旋动加载螺杆，观察主界面中轴承载荷显示值，当达到预定值(一般为 900N 左右)后即可停止调整。观察 7 路油膜压力显示值，待压力值基本稳定后点击"提取数据"键，自动采集结束。主界面上即保存了相关实验数据。

3. 自动绘制滑动轴承油膜压力分布曲线

点击"实测曲线"键，计算机自动绘制滑动轴承实测油膜压力分布曲线。点击"理论曲线"键，计算机显示理论计算油膜压力分布曲线。

4. 手工绘制滑动轴承油膜压力分布曲线

根据测出的油压大小，按一定比例手动绘制油压分布曲线，如图 2-11-9 所示。具体画法是沿着圆周表面从左向右画出角度分别为 24°、46°、68°、90°、112°、134°、156°等分，得出压力传感器 1、2、3、4、5、6、7 的位置，通过这些点与圆心连线，在它们的延长线上，将压力传感器测出的压力值，按 0.1 MPa∶5 mm 的比例画出压力向量 1—1′、2—2′、…7—7′。实验台压力传感器显示数值的单位是大气压(1 大气压＝1 kgf/mm²)，将其换算成国际单位值的压力值(1 kgf/mm²＝0.1 MPa)。经 1′、2′、…7′各点连成平滑曲线，这就是位于轴承宽度中部的油膜压力在圆周方向的分布曲线。

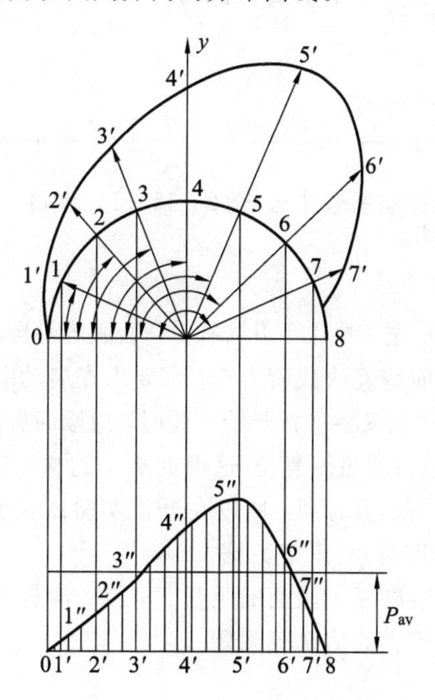

图 2-11-9　径向压力分布与承载量曲线

为了确定轴承的承载量，用 $p_i \sin\varphi_i$(i＝1，2，…，7)求出压力分布向量 1—1′、2—2′、…，7—7′在载荷方向上(y 轴)的投影值。然后，将 $p_i \sin\varphi_i$ 这些平行于 y 轴的向量移到直径0—8上，为清楚起见，将直径0—8平移到图2-11-9的下面部分，在直径0—8上先画出圆周表面上压力传感器油孔位置的投影点1′、2′、…，7′。然后通过这些点画出上述相应的各点压力在载荷方向上的分布量，即1″、2″、…，7″点位置，将各点平滑地连接起来，所形成的曲线即为在载荷方向上的压力分布。在直径0—8上作一矩形，采用方格坐标纸，使其面积与曲线包围的面积相等，则该矩形的边长P_{av}即为轴承中该截面上的油膜中的径向平均压力。

滑动轴承处于流体摩擦(液体摩擦)状态工作时，其油膜承载量与外载荷相平衡，轴承内油膜的承载量可用下式求出：

$$F_r = W = \psi P_{av} BD \tag{2-11-13}$$

$$\psi = \frac{W}{P_{av} BD} \tag{2-11-14}$$

式中：W——轴承内油膜承载能力；

F_r——外加径向载荷；

ψ——轴承端泄对其承载能力的影响系数；

P_{av}——轴承的径向平均压力；

B——轴瓦长度；

D——轴瓦内径。

润滑油的端泄对轴承内的压力分布及轴承的承载能力影响较大，通过实验可以观察其影响，具体方法如下：

将由实验测得的每只压力传感器的压力值代入下式，可求出在轴瓦中心截面上的平均单位压力：

$$P_{av} = \frac{\sum_{i=1}^{i=7} P_i \sin\varphi_i}{7} = \frac{P_1 \sin\varphi_1 + P_2 \sin\varphi_2 + \cdots + P_7 \sin\varphi_7}{7} \tag{2-11-15}$$

轴承端泄对轴承承载能力的影响系数由公式(2-11-14)求得。

四、注意事项

在开机做实验之前必须首先完成以下几步操作，否则容易影响设备的使用寿命和精度。

(1) 在启动电机转动之前请确认载荷为空，即要求先启动电机再加载。

(2) 在一次实验结束后马上又要重新开始实验时，应顺时针旋动轴瓦上端的螺钉，顶起轴瓦将油膜先放干净，同时软件要重新复位(这很重要)，这样可确保下次实验数据准确。

(3) 由于油膜形成需要一小段时间，所以在开机实验或在变化载荷或转速后，应待其稳定后(一般等待3～5分钟即可)再采集数据。

(4) 在长期使用过程中请确保实验油的足量、清洁；油量不足或不干净都会影响实验数据的精度，并会造成油压传感器堵塞等问题。

五、说明

轴承实验台软件说明

本软件界面有两个主窗体：

主窗体 1：压力分布实验(见图 2-11-10)。

主窗体 2：摩擦特性实验(见图 2-11-11)。

注：图中数据仅为参考值，不代表实验数据。

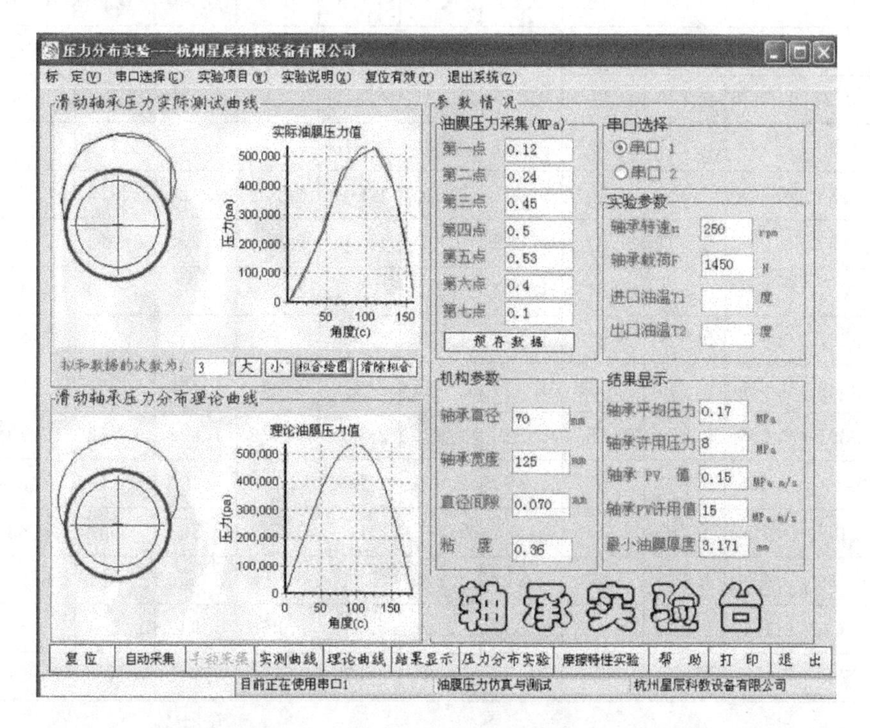

图 2-11-10　压力分布实验

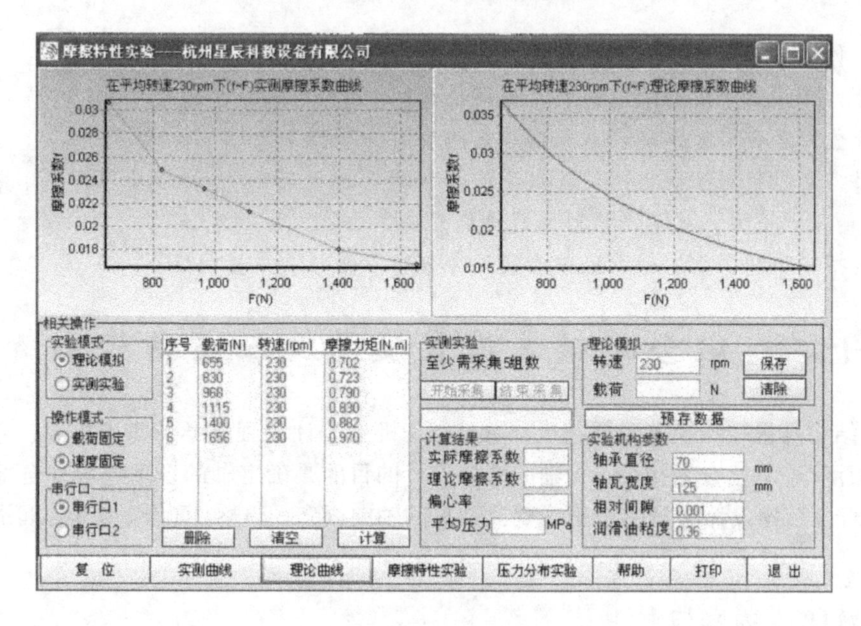

图 2-11-11　摩擦特性实验

表 2-11-1 为有限宽度轴承的承载量系数 C_p 摩表。

表 2-11-1　有限宽度轴承的承载量系数 C_p 表

B/d	X											
	0.3	0.4	0.5	0.6	0.65	0.7	0.75	0.8	0.85	0.9	0.95	0.99
	承载量系数 C_p											
0.3	0.0522	0.0826	0.128	0.203	0.259	0.347	0.475	0.699	1.122	2.074	5.73	50.52
0.4	0.0893	0.141	0.216	0.339	0.431	0.573	0.776	1.079	1.775	3.195	8.393	65.26
0.5	0.133	0.209	0.317	0.493	0.622	0.819	1.098	1.572	2.428	4.216	10.706	75.86
0.6	0.132	0.283	0.427	0.655	0.819	1.07	1.418	2.001	3.306	5.214	12.64	83.21
0.7	0.234	0.361	0.538	0.816	1.014	1.312	1.72	2.399	3.58	6.029	14.14	88.9
0.8	0.287	0.439	0.647	0.972	1.199	1.538	1.965	2.754	4.053	6.721	15.37	92.89
0.9	0.339	0.515	0.754	1.118	1.371	1.745	2.248	3.067	4.459	7.294	16.37	96.35
1.0	0.391	0.589	0.853	1.253	1.528	1.929	2.469	3.372	4.808	7.772	17.13	98.95
1.1	0.44	0.658	0.947	1.377	1.669	2.097	2.664	3.58	5.106	8.816	17.86	101.15
1.2	0.487	0.723	1.033	1.489	1.796	2.247	2.838	3.787	5.364	8.533	18.43	102.9
1.3	0.529	0.784	1.111	1.59	1.912	2.379	2.99	3.968	5.586	8.831	18.91	104.42
1.5	0.61	0.891	1.248	1.763	2.099	2.6	3.242	4.266	5.947	9.304	19.68	106.84
2.0	0.763	1.091	1.483	2.07	2.466	2.981	3.671	4.778	6.545	10.091	20.97	110.79

六、思考题

1. 为什么油膜压力曲线会随转速的改变而改变？
2. 为什么摩擦系数会随转速的改变而改变？
3. 哪些因素会引起滑动轴承摩擦系数测定的误差？
4. 根据实验数据绘制出不同状态下的滑动轴承的 f 与 nn/q 特性曲线，并计算径向单位面积上的平均压力 $q_{平均}$ 与端泄对承载量的影响系数 φ。
5. 根据实验数据绘制轴承径向油膜压力分布曲线与承载量曲线。

实验十二　组合式轴承装置设计及轴系结构分析实验

轴系结构是机械系统的重要组成部分，也是机械设计课程教学的重点内容。它包括轴的结构设计和轴承组合结构设计。轴的结构设计的目的是确定轴的合理外形和全部结构尺寸。轴承组合结构设计的目的是正确解决轴承的轴向固定、调整、配合、装拆、润滑和密封等问题。

一、实验目的、内容与方法

本实验目的、内容与方法如表 2-12-1 所示。

表 2-12-1　实验的基本目的、内容及实验方法

实验项目	1	2
	轴承装置设计实验	轴系结构分析实验
实验目的	熟悉并掌握轴承装置设计的基本内容和方法	熟悉并掌握轴的结构设计特点及方法
实验内容	设计圆柱齿轮、圆锥齿轮和蜗杆减速器输入轴的轴承装置	测绘并分析轴的结构
实验方法	根据设计要求，用实验箱中的零件进行选择性组合设计与装配	根据已组装的轴系部件进行测绘和结构分析

二、实验箱介绍

实验箱内有齿轮类、轴类、套筒类、端盖类、支座类、套杯类、轴承类及联接件类等 8 类 170 个零部件及标准件，其明细表如表 2-12-2 所示。

表 2-12-2　实验箱内零件明细表

序号	类别	零件代号	零件名称	件数
1	齿轮类	ZX—026	大直齿轮	1
2		ZX—024	小直齿轮	1
3		ZX—027	大斜齿轮	1
4		ZX—025	小斜齿轮	1
5		ZX—023	锥齿轮	1
6	轴类	ZX—003	锥齿轮用轴	1
7		ZX—006	锥齿轮轴	1
8		ZX—001	直齿轮用轴 A	
9		ZX—002	直齿轮用轴 B	1
10		ZX—004	蜗杆 A	1
11		ZX—005	蜗杆 B	1
12	套筒类	ZX—028	甩油环 A	4
13		ZX—033	甩油环 B	4
14		ZX—030	轴套	5
15		ZX—030	轴套	5
16		ZX—030	轴套	5
17		ZX—031	调整环	4
18		ZX—032	挡油环	4
19		ZX—030	轴套	5
20		ZX—030	轴套	5
21		ZX—030	轴套	5

续表

序号	类别	零件代号	零件名称	件数
22	端盖类	ZX—013	大轴承盖(闷盖)	1
23		ZX—014	大轴承盖(透盖)	1
24		ZX—022	轴承盖(迷宫式密封)	1套
25		ZX—019	闷盖	1
26		ZX—011—1	闷盖	2
27		ZX—011	闷盖	2
28		ZX—020	透盖	1
29		ZX—021	透盖	1
30		ZX—017	透盖	1
31		ZX—018	透盖	1
32		ZX—015	透盖	1
33		ZX—016	闷盖	1
34		ZX—012	透盖	1
35		ZX—010	透盖	1
36		ZX—029	盖	2
37	支座类	ZX—037	支座	2
38		ZX—038	支座	1
39	套杯类	ZX—009	套杯	2
40		ZX—008	套杯	1
41		ZX—007	套杯	1
42	轴承类		轴承 206	4
43			轴承 7206	4
44	联接件类	ZX—040	铜版纸	8
45		ZX—041	铜版纸	8
46		ZX—035	联轴器 A	2
47		ZX—036	联轴器 B	2
48		ZX—034	压板	1
49		GB31—76	挡圈螺栓 M8×15	6
50			端盖螺栓 M6×15	12
51			端盖螺栓 M6 ×25	4
52			垫片	12
53		ZX—017A	圆螺母	2
54		GB97—76	外卡环	1
55			卡垫	2
56			骨架油封	1
57		GB1096—79	键 8×7×34	2
58		GB1096—79	键 8×7×24	1
59		GB1096—79	键 6×5×20	6
60		FJ145—79	密封毡圈	3
61			安装底板	1

配套工具：

活动扳手：1把；卡环钳：1把；一字起：1把；游标卡尺：1把。

用实验箱内零件组合10种轴承装置(轴系结构)，方案一览表如表2-12-3所示。

表2-12-3　10种轴承装置(轴系)结构方案一览表

<table>
<tr><th rowspan="2">序号</th><th rowspan="2">实验题号</th><th rowspan="2">方案代号</th><th colspan="5">轴承装置(轴系结构)设计特点</th></tr>
<tr><th>齿轮</th><th>轴承</th><th>支点固定</th><th>端盖</th><th>润滑</th></tr>
<tr><td>1</td><td rowspan="2">A1</td><td>A1—1</td><td rowspan="3">直齿轮</td><td rowspan="3">206</td><td rowspan="3">全固式</td><td>凸缘式</td><td>脂润滑</td></tr>
<tr><td>2</td><td>A1—2</td><td>嵌入式</td><td>脂润滑</td></tr>
<tr><td>3</td><td>A2</td><td>A2—1</td><td>凸缘式</td><td>油润滑</td></tr>
<tr><td>4</td><td>A3</td><td>A3—1</td><td rowspan="2">斜齿轮</td><td rowspan="2">7206</td><td rowspan="2">全固式
轴承正装</td><td>凸缘式</td><td>脂润滑</td></tr>
<tr><td>5</td><td>A4</td><td>A4—1</td><td>凸缘式</td><td>油润滑</td></tr>
<tr><td>6</td><td rowspan="2">B1</td><td>B1—1</td><td rowspan="2">小锥齿轮轴
结构</td><td rowspan="3">7206</td><td>全固式轴承
正装</td><td rowspan="3">凸缘式
套杯</td><td rowspan="3">脂润滑</td></tr>
<tr><td>7</td><td>B1—2</td><td>全固式轴承
反装</td></tr>
<tr><td>8</td><td>B2</td><td>B2—1</td><td>锥齿轮与轴
分开结构</td><td>全固式轴承
正装</td></tr>
<tr><td>9</td><td>C1</td><td>C1—1</td><td rowspan="2">蜗杆</td><td>7206</td><td>全固式轴承
正装</td><td rowspan="2">凸缘式
套杯</td><td rowspan="2">油润滑</td></tr>
<tr><td>10</td><td>C2</td><td>C2—1</td><td>7206
206</td><td>全固式轴承
正装</td></tr>
</table>

三、实验操作

(一) 滚动轴承装置设计实验

1. 实验目的

熟悉并掌握滚动轴承装置设计中有关轴承的安装、固紧调节的基本方法，了解轴承润滑及密封的基本方法。

2. 实验设备

(1) 组合式轴承装置及轴的结构设计分析实验箱。

实验箱提供能进行减速器圆柱齿轮轴系、小圆锥齿轮轴系及蜗杆轴系轴承装置设计实验的全套零件。

(2) 测量及绘图工具：300 mm钢板尺、游标卡尺、内外卡钳、铅笔、三角板等(自备)。

3. 实验内容与要求

1) 实验内容

选择轴承装置设计的条件，见表2-12-4。

表 2-12-4　轴承装置设计的条件选择

轴系齿轮		选择已知条件						
		1		2		3		4
A	圆柱齿轮轴系	$m=3$ mm　$z=20$ 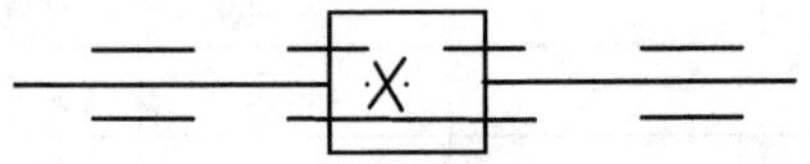						
		A1	$B=0°$ $n=650$ r/min	A2	$B=0°$ $n=1430$ r/min	A3	$B=8°30'$ $n=650$ r/min	$B=8°30'$ $n=1430$ r/min
B	小圆锥齿轮轴系	$m=2$ mm　$z=22$　$s=30°$　$n=650$ r/min 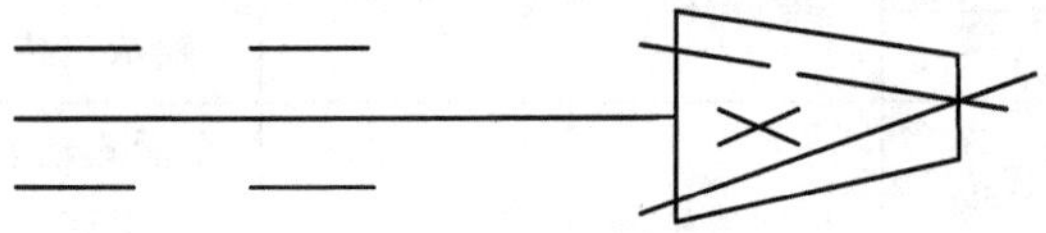						
		B1	锥齿轮轴结构	B2	锥齿轮与轴分开结构			
C	蜗杆轴系	$m=3$ mm　$q=14$　$z=1$　$n=1430$ r/min 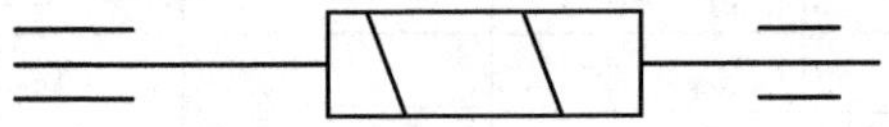						
		C1	蜗杆不易发热	C2	蜗杆易发热			

2）实验要求

（1）进行滚动轴承装置的组合设计。

每组学生根据实验题号（如 A1、B2、C1 等）的要求，进行轴承装置的组合设计，了解并解决轴承类型选择、轴承安装、固紧、调节、润滑、密封等问题。

（2）绘制轴承装置结构装配图。

（3）每人编写实验报告一份。

4. 实验步骤

（1）明确实验内容，理解设计要求；

（2）复习有关轴承装置设计的内容与方法（参看教材有关章节）；

（3）构思轴承装置结构方案。

① 根据齿轮类型选择滚动轴承型号；

② 确定支承轴向固定方向（两端固定；一端固定；一端游动）；

③ 根据齿轮圆周速度确定轴承润滑方式（脂润滑、油润滑）；

④ 选择端盖形式（凸缘式、嵌入式）并考虑透盖处密封要求；

⑤ 考虑轴上零件的定位与紧固、轴承间隙调节等问题；

⑥ 绘制轴系结构方案示意图。

（4）组装轴系部件。

根据轴系结构方案，从实验箱中选取合适零件并组装成轴系部件，检查所设计组装的轴承装置是否正确。

(5) 绘制轴承装置结构草图。

(6) 测量零件结构尺寸(箱体零件不用测量)，并做好记录。

(7) 将所有零件放入实验箱内的规定位置，交还所借工具。

(8) 根据结构草图及测量数据，绘制轴承装置结构装配图，要求装配关系表达正确。

(9) 写出实验报告。

5. 思考题

(1) 轴系结构一般常规运动时采用什么形式？如工作轴的温度变化很大，则轴系结构一般采用什么形式？

(2) 齿轮、带轮在轴上一般采用哪些方法进行轴向固定？

(3) 轴上的几个键槽为什么常常设计在一条直线上？

(4) 各处的轴肩高度是否相同？为什么？

(二) 轴系结构分析实验指导书

1. 实验目的

(1) 熟悉并掌握轴、轴上零件的结构形状及功用、工艺要求和装配关系；

(2) 熟悉并掌握轴及轴上零件的定位与紧固方法；

(3) 掌握并分析不同的轴承类型、布置、安装及调整方法的适用范围，不同的润滑和密封方式的优缺点。

2. 实验设备

(1) 轴承装置及轴系结构设计分析实验箱。箱内提供可组成圆柱齿轮轴系、小圆锥齿轮轴系和蜗杆轴系等三类10种轴系结构模型。

(2) 测量及绘图工具：300 mm钢板尺、游标卡、内外卡钳、铅笔、三角板等(自备)。

3. 实验内容

(1) 每组自主确定实验内容，在确定传动性能的基础上完成两套轴系部件的装配与调试，尽量实现其中一轴存在能承受较大的轴向载荷的可能(圆柱齿轮轴系、小圆锥齿轮轴系或蜗杆等)。

(2) 分析搭建完成的轴系结构与工作范围。

(3) 测绘轴系部件，画出轴系部件。

(4) 每人编写出实验报告。

4. 实验步骤

(1) 明确实验内容，复习轴的结构设计等内容；

(2) 观察与思考轴系的结构特点；

(3) 绘制轴系装配示意图或结构草图；

(4) 测量轴系主要装配尺寸(如支承跨距)和零件主要结构尺寸；

(5) 装配轴系部件恢复原状，整理工具，实验结束；

(6) 根据装配草图和测量数据，绘制轴系部件装配图，注明必要尺寸(如支承跨距、齿轮直径与宽度、主要配合尺寸)，写标题栏和明细表；

(7) 编写实验报告。

5. 思考题

(1) 分析对象属于哪种轴系(高速轴、中间轴、低速轴)。

(2) 齿轮(或涡轮)在轴上的轴向定位的实现方式有哪些？其周向定位有哪些方式可以实现？

(3) 滚动轴承在轴上的轴向定位是如何实现的，周向定位是如何实现的？

(4) 轴系在箱体内的定位有哪些方法可实现？

(5) 需要进行间隙调整的部位有哪些？调整方式是什么？需调整的原因是什么？

(6) 轴肩长度与齿轮(或涡轮)的厚度有什么关系？

(7) 轴肩高度与轴承内圈外径有什么关系？

(8) 端盖与轴承外圈接触处的厚度该如何联系考虑？

(9) 通盖孔与轴外径之间的结构要如何设计才是合理的？

(10) 列出所分析的轴系零件明细表(填入表 2-12-5)。(若拆装轴系为模型，其材料可自由选定)

表 2-12-5 轴系零件明细表

序号	名称	材料	数量	序号	名称	材料	数量
1				7			
2				8			
3				9			
4				10			
5				11			
6				12			

实验十三 减速器拆装及轴系结构分析实验

减速器是一种普遍通用的机械设备，其组成包括了传统零件设计(直齿轮、斜齿轮、锥齿轮、蜗杆等)，支撑件设计(轴、轴承等)，箱体设计及密封等。机械工程专业的本科生在学习机械原理、机械设计、机械 CAD 等课程过程中，以减速器为对象进行结构分析，是培养学生首次独立完成设计与思考任务的良好参照设备。

由于学生对齿轮结构、加工过程、安装形式不熟悉；对轴的结构、加工过程、选材、热处理不熟悉；对箱体结构、铸造(焊接)过程不熟悉；对轴承型号选择、密封形式选择、联接件选择与安装没有经验，所以让学生亲自动手进行减速器实物拆装很有必要。通过减速器拆装实验，可以使学生对减速器各个零件有直观认识，进一步了解和掌握各零部件的结构意义、加工工艺、安装方法。尤其是运动件与运动件之间的安装要求、运动件与固定件之间的安装要求、轴承的拆装等，通过实验，对机械结构与传动系统的整体布局，在感性认识方面都可以起到事半功倍的作用。

一、实验目的

通过对减速器的拆装和对轴系结构分析的过程，全面细致地观察齿轮减速器的整体结构及零、部件的结构特点，并了解它们是如何综合考虑满足功能要求、强度刚度要求、加工工艺要求、装配调整定位要求、密封润滑要求以及经济性要求的，从而达到理论联系实际，加深关于结构方面的感性认识的目的，为能设计出较为合理的减速器打下良好的基础。

二、实验内容

(1) 按正确程序拆、装减速器，通过观察、测量和分析讨论，了解减速器整体结构、外观、附件以及零、部件结构特点和作用。

(2) 测定减速器主要参数，如中心距，齿轮齿数，传动比，传动方式，判定高速，低速轴；确定斜齿轮、蜗杆、涡轮的旋向及轴向力的方向与承载方法；观察轴承代号及安装方式；绘出传动示意图。

(3) 观察密封、润滑方式。

(4) 仔细拆开并观察一轴系部件，对轴上零件结构进行分析，画出轴系结构草图(用方格坐标纸)，分析定位方法、计算传动比，为机械设计课程设计做准备。

三、实验设备、工具、量具

(1) 拆装用减速器：一级圆柱齿轮减速器、二级展开式圆柱齿轮减速器、二级圆锥—圆柱齿轮减速器、二级涡轮圆柱齿轮减速器、二级同轴线式圆柱齿轮减速器。

(2) 工具、量具：活络扳手、螺丝刀、锤子、钢尺、游标卡尺、固定扳手、木榔头、棉纱等。

(3) 学生自备：三角尺、铅笔、橡皮、计算器、草稿纸(方格坐标纸)。

四、实验原理及方法

在实验室首先由实验指导老师对几种不同类型的减速器现场进行结构分析、介绍，并对其中一种减速器的主要零、部件的结构及加工工艺过程进行分析、讲解及介绍。再由学生们分组进行拆装，指导及辅导老师解答学生们提出的各种问题。在拆装过程中学生们进一步观察了解减速器的各零、部件的结构、相互间配合的性质、零件的精度要求、定位尺寸、装配关系及齿轮、轴承润滑、冷却的方式及润滑系统的结构和布置；输出、输入轴与箱体间的密封装置及轴承工作间隙调整方法及结构等。二级减速器结构简图如图 2-13-1 所示。

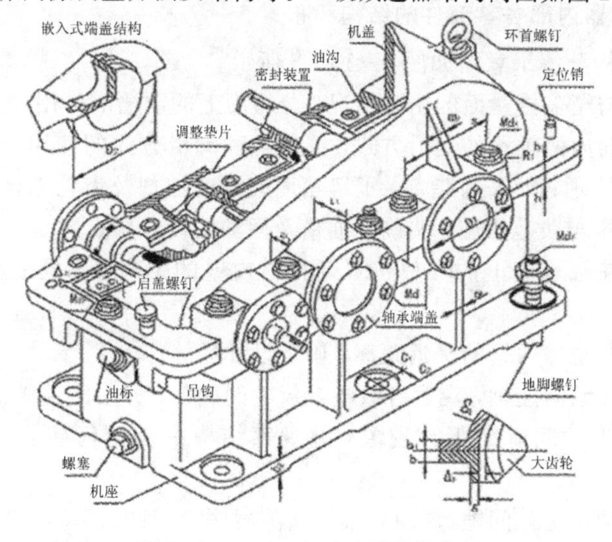

图 2-13-1　二级减速器结构简图

五、实验步骤

(一) 观察外形及外部结构

(1) 学生分组，确定拆装的减速器后，先清点工具、量具，放在安全、方便的地方。

(2) 观察减速器外部结构，判断传动级数、安装方式、高速轴、低速轴等。

(3) 观察箱体零件和外观、附件，如观察孔、通气孔、油标、油塞、定位销、起盖螺钉、环首螺钉、吊耳、加强筋、散热片、凸缘等，了解它们的功能、结构特点和位置。

(4) 起出各个端盖螺钉，打开各个轴承端盖，拧下箱盖与箱体的连接螺栓(若为凸缘式端盖，还需拆下端盖螺钉)，拔出定位销，借助起盖螺钉打开箱盖，并放置稳妥。

(5) 仔细观察轴承座的结构形状，了解轴承座两侧连接螺栓的布置，支承螺栓的凸台高度及空间尺寸的确定。

(6) 观测与考虑铸造成型箱体最小壁厚的尺寸确定依据如何减轻其重量及表面加工面积。

(7) 了解箱盖上的铭牌中内容。

(二) 拆卸观察孔盖

(1) 了解观察孔的作用，布置的位置及尺寸；

(2) 观察通气孔及孔的位置，明确其作用。

(三) 拆卸箱盖

(1) 拆卸轴承端盖紧固螺钉(嵌入式端盖无紧固螺钉)；

(2) 拆卸箱体与箱盖连接螺栓，起出定位销钉，然后拧动起盖螺钉，卸下箱盖，明确定位销的作用；

(3) 注意观测，在用扳手拧紧或松开螺栓、螺母时扳手至少要旋转多少度才能松紧螺母，螺栓中心到外箱壁间距离。

(4) 了解起盖螺钉的作用，与普通螺钉结构的不同。

(四) 观察减速器内部各零部件的结构和布置

二级减速器结构分解示意图如图 2 - 13 - 2 所示。

(1) 观察箱体与箱盖接触面的密封情况，分箱面上的沟槽的作用。

(2) 了解减速器内的轴承的润滑方式，清楚各种润滑方式的使用范围，了解润滑油剂导入轴承内润滑的原理；如采用脂剂，了解箱内飞溅的油剂及齿轮啮合区挤压出的热油剂对轴承润滑脂的冲刷与防范措施；明确导油槽及回油槽设计要点。

(3) 清楚轴承在轴承座上的安放位置与箱体内壁的距离，不同的润滑方式时的尺寸确定。

(4) 目测齿轮与箱体内壁的最近距离，确定设计尺寸。

(5) 用手轻轻转动高速轴，观察各级啮合齿轮的侧隙，并了解侧隙的作用。

(6) 观察箱内零件间有无干涉现象，并观察结构中是如何防止和调整零件间相互干涉的。

(7) 观察调整轴承工作间隙(周向和轴向间隙)结构，考虑减速器设计时不同轴承的工作间隙的调整装置；了解轴承内孔与轴的配合性质，轴承外径与轴承座的配合性质。

(8) 观察考虑轴的热膨胀的自行调节问题。

(9) 确定传动方式，测量中心距，确定齿轮齿数和传动比，判定斜齿轮或蜗杆、涡轮的旋向及轴向力，确定轴承代号及安装方式，绘制传动示意图，图上应标出以上主要参数。明确高、低各级传动轴的传动比的分配。

图 2-13-2　二级减速器结构分解示意图

(五) 从箱体中取出各传动轴部件

(1) 观察轴上大、小齿轮结构，了解大齿轮上所设计的工艺孔与目的。

(2) 了解轴上零件的周向和轴向定位、固定。

(3) 了解各级传动轴为阶梯轴的作用。

(4) 采用直齿圆柱齿轮或斜齿圆柱齿时，了解其特点且轴承在选择时考虑的问题。

(5) 测量大齿轮齿顶圆直径 d_a，估算各级齿轮模数 m。测量最大齿轮处箱体分箱面到内壁底部的最大距离 H，并计算大齿轮的齿顶(下部)与内壁底部距离 $L=H-1/2d_a$。L 值的大小会影响什么？设计时应根据什么来确定 L 值？

(6) 边拆零件，边观察分析，并就各零件的作用、结构、周向定位、轴向定位、间隙调整、润滑、密封，各零件材料等进行讨论。

(7) 任选一轴系，仔细观察、简单测量轴上零件，如轴、齿轮、轴套、键、挡油环、甩油环、端盖(盲或通盖)调整垫片、密封，各零件与箱体定位方式、材料等，着重对轴上零件的结构进行分析，并填写轴系零件明细表，在坐标方格纸上画出轴系结构图(选做)。若拆装减速器为模型则自己确定各零件材料。

(8) 观察输入、输出轴的伸出端与端盖采用什么形式密封结构。

(9) 观察箱体内油标(油尺)、油塞的结构及布置，油塞的选用与密封的设计，设计时应注意的问题。

(六) 装配

(1) 检查确定箱体内有无零件及其他杂物，擦净箱体内部。将各传动轴部件装入箱体内。

(2) 将嵌入式端盖装入轴承压槽内，并用调整垫圈调整好轴承的工作间隙。

(3) 将箱内各零件用棉纱擦净，并塗上机油防锈。再用手转动高速轴，观察有无零件干涉。无误后，经指导老师检查后合上箱盖。

(4) 松开起盖螺钉，装上定位销，并打紧。装上螺栓、螺母用手逐一拧紧后，再用扳手分多次均匀拧紧。

(5) 装好轴承端盖，观察所有附件是否都装好。用棉纱擦净减速器外部，放回原处，摆放整齐。

(6) 清点好工具，擦净后交还指导老师。

(7) 在完成一台减速器的拆装之后，若有时间可再观察别的类型的减速器，着重比较它们的差异和特点。

六、思考题

1. 轴上零件的安装、调整和固定应该如何考虑？
2. 轴承的调整如何实现？轴承密封和润滑有哪些方式？其特点如何？
3. 轴承旁连接螺栓的位置及轴承旁凸台的尺寸应怎样确定？
4. 一般减速器箱体为什么制成剖分式？
5. 齿轮啮合过程怎样实现润滑？
6. 你所拆装的减速器在结构、设计等方面还有哪些可以改进之处？
7. 说明减速器各种辅助零件的作用(如油标、放油螺塞、通气器、视孔盖、起盖螺钉、定位销、轴承盖)。

实验十四　机械传动性能综合实验

传动装置位于原动机和工作机之间，用以传递运动和动力或改变运动形式。传动装置方案设计是否合理，对整个机械的工作性能、尺寸、重量和成本等影响很大，因此，传动方案设计是整个机械设计中的最关键的环节。

合理的传动方案首先应满足工作机的性能要求，其次还应满足工作可靠、传动效率高、结构简单、尺寸紧凑、成本低廉、工艺性好、使用和维护方便等要求。任何一个方案，要满足上述所有要求是十分困难的，故要统筹兼顾，满足最主要的和最基本的要求。

设计过程中，要满足同一工作机的机械性能要求，往往可采用不同的传动机构、不同的组合和布局，从而可得出不同的传动方案。在拟定传动方案时，应充分了解各种传动机构的性能及适用条件，结合工作机所传递的载荷性质和大小、运动方式和速度以及工作条件等，对各种传动方案进行比较，进行合理地选择。

通常原动机的转速与工作机的输出转速相差较大，在它们之间常采用多级传动机构来减速。在拟定传动方案时，要充分发挥各传动机构的优点，正确而合理地选择有关的传动机构及其排列顺序。

一、实验目的和要求

(1) 熟悉常见机械传动装置(如带传动、链传动、齿轮传动、蜗杆传动等)在传递运动与动力过程中的参数曲线(速度曲线、转矩曲线、传动比曲线、功率曲线及效率曲线等)，加深对常见运动机构的认识。

（2）测试由常见机械传动组成的不同传动系统的参数曲线，掌握机械传动合理布置的基本要求。

（3）通过实验认识智能化机械传动性能综合测试实验台的工作原理，掌握计算机辅助实验的方法，培养进行设计性实验与创新实验的能力。

二、实验装置的主要结构组成及调整

JCIS－Ⅱ型机械传动性能综合实验台如图 2－14－1 所示。

图 2－14－1　JCZS-Ⅱ型机械传动性能综合实验台

该实验台主要由控制（配件）柜、安装平板、驱动源、负载以及减速器、联轴器、传动支承组件、带、链、三角带轮、链轮库等组成。可根据需要按一定的形式组合成 13 大类 30 几种机械传动系统。

其中底座控制（配件）柜、安装平板、驱动源、负载、减速器、传动支承组件为整体结构。安装平板上加工了 T 型槽（横向 4 条纵向 6 条）可满足不同机械传动系统安装的需要。减速器有蜗轮减速器、圆柱齿轮减速器、摆线针轮减速器等三种。

典型拼装组合传动机构类型有以下几种：

一级典型传动机构：

（1）摆线针轮减速器传动。

（2）圆柱齿轮减速器传动。

（3）蜗轮蜗杆减速器传动。

（4）带传动：V 带传动、平带传动、同步带传动。

（5）滚子链（大节距、小节距）传动。

（6）弹性柱销联轴器传动。

二级典型组合传动机构：

（7）带（V 带、平带、同步带）—圆柱齿轮减速器组合传动。

（8）滚子链（大节距、小节距）—圆柱齿轮减速器组合传动。

（9）带（V 带、平带、同步带）—摆线针轮减速器组合传动。

(10) 滚子链(大节距、小节距)—摆线针轮减速器组合传动。

(11) 带(V带、平带、同步带)—蜗轮蜗杆减速器组合传动。

(12) 滚子链(大节距、小节距)—蜗轮蜗杆减速器组合传动。

(13) 带(V带、平带、同步带)—滚子链组合传动。

三级典型组合传动机构:

(14) 带(V带、平带、同步带)—滚子链(大节距、小节距)—圆柱齿轮减速器组合传动。

(15) 带(V带、平带、同步带)—滚子链(大节距、小节距)—摆线针轮减速器组合传动。

1. 控制(配件)柜的组成

控制(配件)柜的组成如图2-14-2所示。

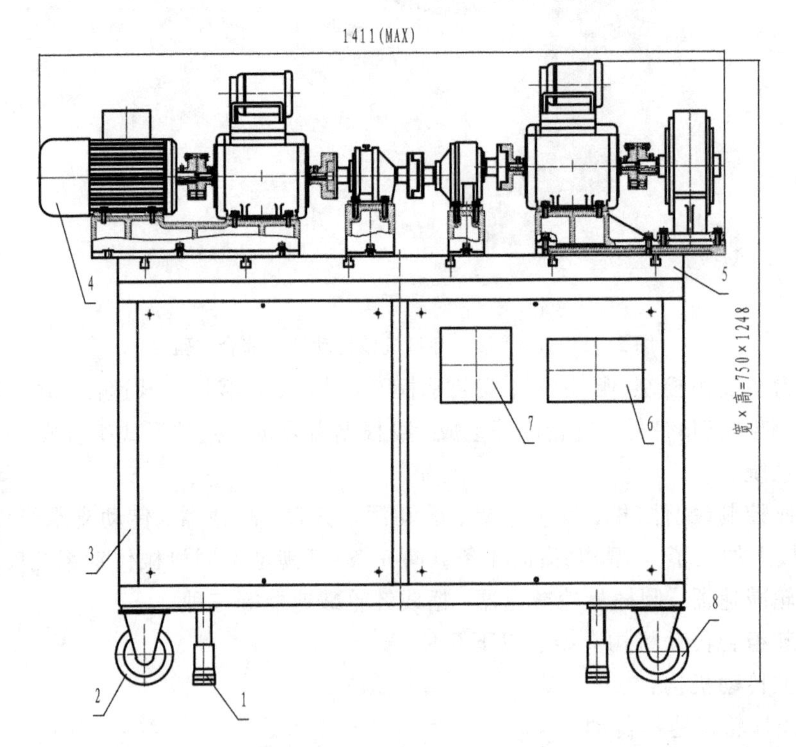

1—支撑脚；2—定向轮；3—控制(配件)柜体；4—机械传动系统；5—安装平板；6—磁粉制动控制器；7—变频器；8—万向轮

图2-14-2 控制(配件)柜的组成

控制(配件)柜体3采用优质钢板经弯曲成型后焊接而成，其框架内框通过固定有四扇柜门，可自由开启方便零配件的存取。其下部四角安装有四个支撑脚1和定向轮2、万向轮8各两个。其上通过螺栓固定有安装平板5，安装平板5作为组装各种不同类型的机械传动系统的安装基准和固定平台。调整支撑脚1可找平安装平板5并起支承作用。通过定向轮2、万向轮8可在短距离内移动该实验台。

控制(配件)柜体 3 内还安装有控制测试系统，及磁粉制动器控制器 6、变频器 7 等。并装有 RS-232 标准串行通信接口。

2. 驱动源的组成和结构

驱动源的组成和结构如图 2-14-3 所示。

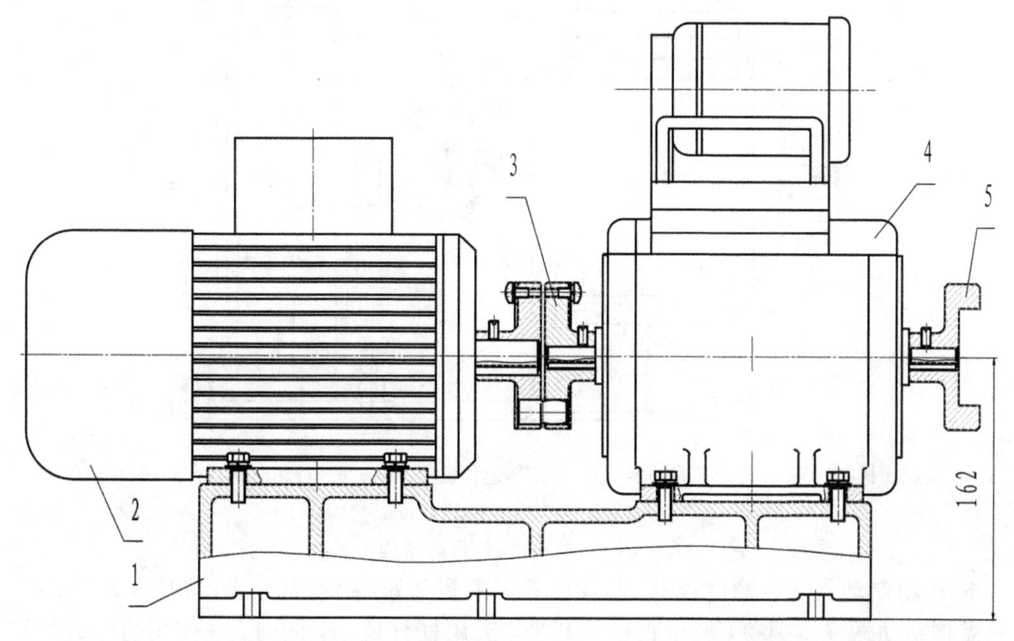

1—电机底板；2—变频调速电机；3—弹性柱销联轴器；4—转矩转速传感器；5—弹性柱销半联轴器

图 2-14-3 驱动源的结构

驱动源由安装在电机底板 1 的变频调速电机 2 和转矩转速传感器 4 等组成。变频调速电机 2 和转矩转速传感器 4 采用弹性柱销联轴器 3 联接并传递扭矩。转矩转速传感器 4 上的弹性柱销半联轴器 5 用于与其他传动件联接并输出变频调速电机 2 的动力。通过调节变频器可改变变频调速电机 2 的转速。

※ 驱动源中的中心高及同轴度在出厂前均调整测试合格，在组合使用中请勿随意松动紧固螺栓以免影响测试精度和传感器的使用寿命。

※ 传感器应避免在剧烈震动和高温潮湿环境中使用和保管，其他注意事项详见“转矩转速传感器使用说明书”。

3. 负载的组成和结构

负载的组成和结构如图 2-14-4 所示。

负载由安装在负载底板 1 上的转矩转速传感器 3 和磁粉制动器 5 等组成。转矩转速传感器 3 和磁粉制动器 5 采用弹性柱销联轴器 4 联接并传递扭矩。转矩转速传感器 3 上的弹性柱销半联轴器 2 用于与其他传动件联接。通过调节磁粉制动器控制器可改变磁粉制动器 5 制动力的大小。

※ 负载中的中心高及同轴度在出厂前均调整测试合格，在组合使用中请勿随意松动紧固螺栓以免影响测试精度和传感器的使用寿命。

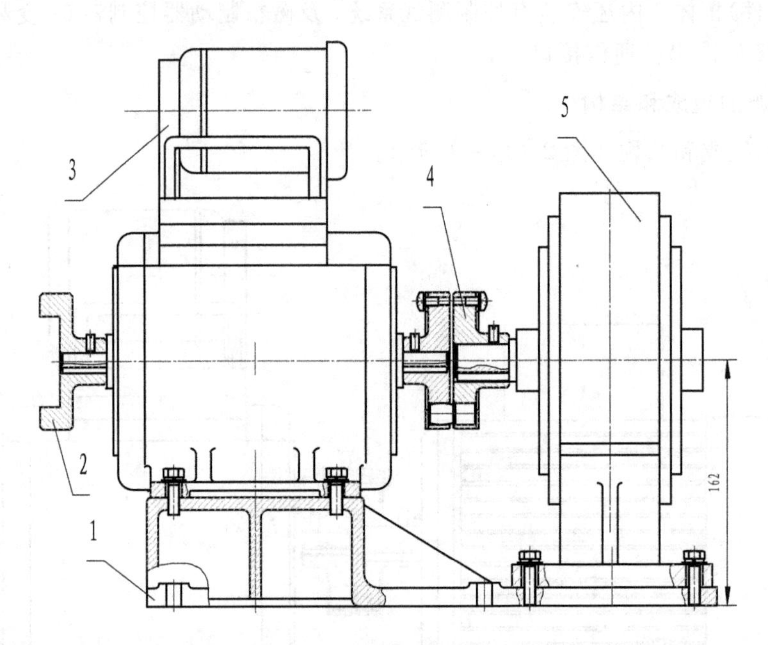

1—负载底板；2—弹性柱销半联轴器；3—转矩转速传感器；4—弹性柱销联轴器；5—磁粉制动器

图 2-14-4 负载的结构

※ 磁粉制动器在运输过程中，常使磁粉聚集到某处，有时甚至会出现“卡死”现象，此时只需将制动器整体翻动，使磁粉松散开来，或用杠杆撬动，同时，在使用前应进行跑合运转，并先通以 20%左右的额定电流运转几秒后断电再通电，反复几次。

4. 传动支承组件的结构和组成

传动支承组件的结构和组成如图 2-14-5 所示。

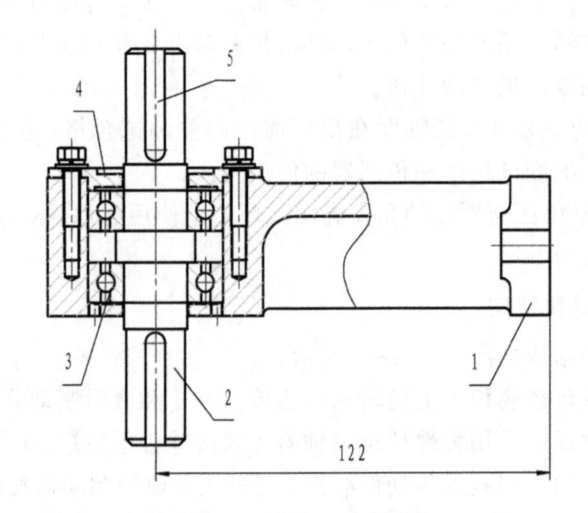

1—支座；2—传动轴；3—轴承；4—轴承盖；5—键

图 2-14-5 传动支承组件的结构

传动支承组件由支承于两个轴承 3 内圈的传动轴 2 和外圈支承于支座 1 的内孔中的零件组成。轴承盖 4 通过螺栓固定在支座 1 上，起轴向定位作用。传动轴 2 两端的键 5 用于根据组合需要联接弹性柱销联轴器或相关传动部件，如与带轮、链轮联接等。

5. 蜗轮减速器组合的结构

蜗轮减速器组合的结构如图 2-14-6 所示。

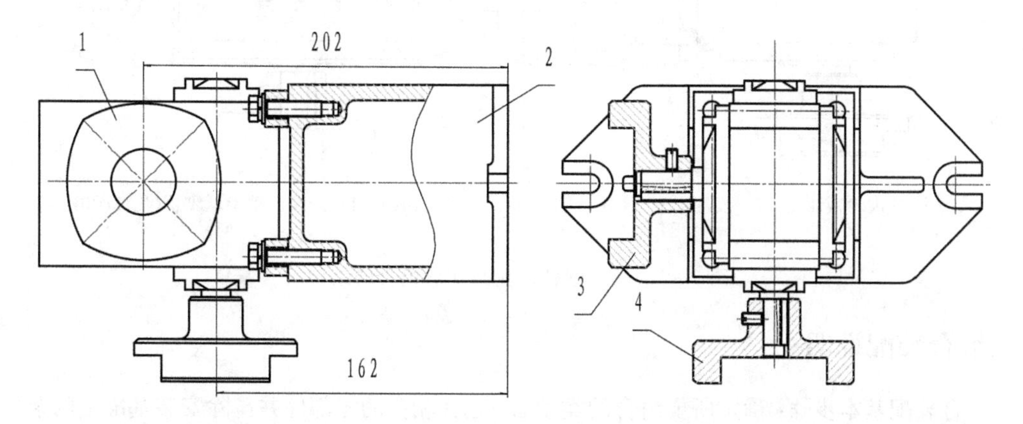

1—蜗轮减速器；2—支座；3—弹性柱销半联轴器(孔径ϕ17)；4—弹性柱销半联轴器(孔径ϕ12)

图 2-14-6　蜗轮减速器组合的结构

6. 摆线针轮减速器组合的结构

摆线针轮减速器组合的结构如图 2-14-7 所示。

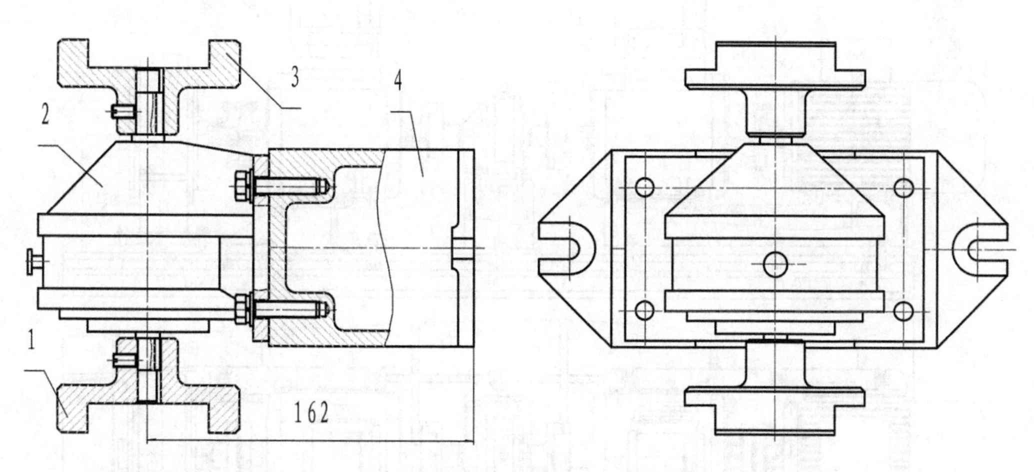

1—弹性柱销半联轴器(孔径ϕ14)；2—摆线针轮减速器；3—弹性柱销半联轴器(孔径ϕ18)；4—支座

图 2-14-7　摆线针轮减速器组合的结构

7. 圆柱齿轮减速器组合的结构

圆柱齿轮减速器组合的结构如图 2-14-8 所示。

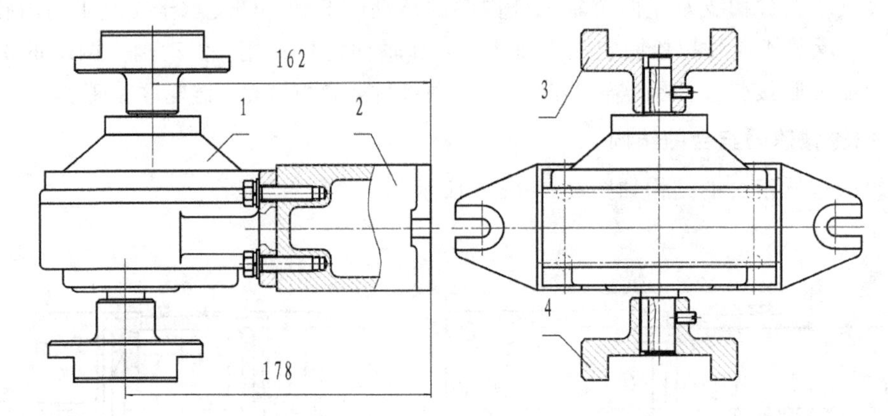

1—圆柱齿轮减速器；2—支座；3—弹性柱销半联轴器(孔径ϕ16)；4—弹性柱销半联轴器(孔径ϕ20)

图 2-14-8　圆柱齿轮减速器组合的结构

三、组合装配说明

组合装配基本步骤：确定所要组合的类型后，选择相应的零部件并清除安装基准上的杂物。

1. 摆线针轮减速器传动的装配说明

减速器传动路线：变频电机→弹性柱销联轴器→转矩转速传感器→弹性柱销联轴器→摆线针轮减速器→弹性柱销联轴器→转矩转速传感器→弹性柱销联轴器→磁粉制动器(负载)。

按图所示选取组合用的零部件及标准件如图 2-14-9 所示。

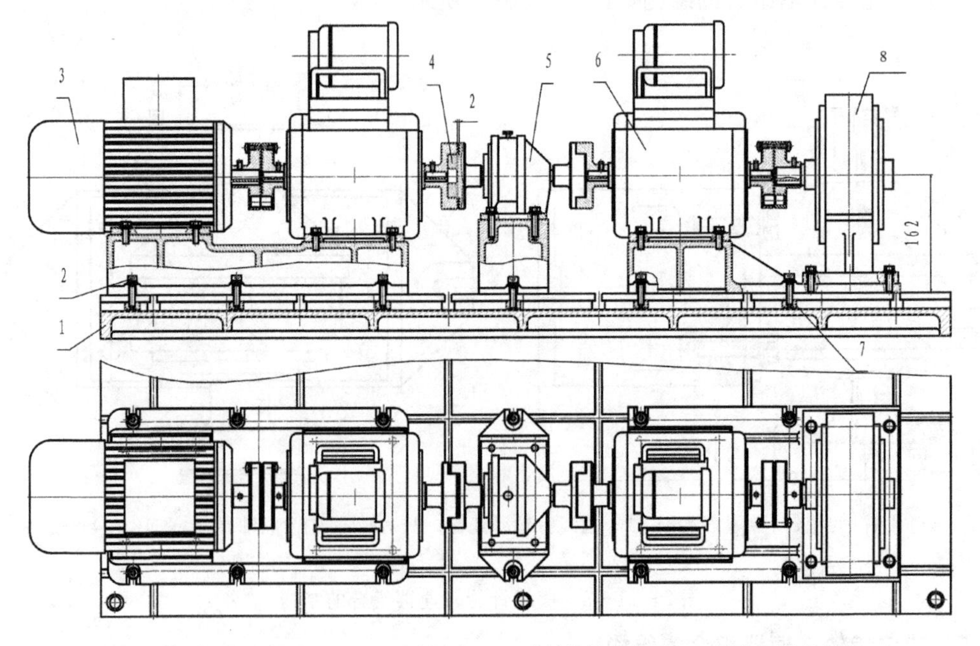

1—安装平板；2—螺母 M10；3—变频电机；4—弹性柱销联轴器；5—摆线针轮减速器；
6—转矩转速传感器；7—T 型槽用螺栓(M10*45)；8—磁粉制动器(负载)

图 2-14-9　摆线针轮传动

(1) 将 T 型槽用螺栓 7 插入安装平板 1 上相应的 T 型槽内，并将变频电机 3、摆线针轮减速器 5、负载 8 放在安装平板 1 相应的位置上，在摆线针轮减速器输入、输出轴上装上相应弹性柱销联轴器。在各支座 T 型槽用螺栓上拧入螺母 M10。

(2) 用手转动变频电机 3 上的弹性柱销联轴器，应感觉灵活自如无卡滞现象后方可拧紧螺钉，然后进行各项测试。若中心高误差较大，采用铜板调节后再启动电机进行各项测试。

2. 圆柱齿轮传动的装配说明

圆柱齿轮传动如图 2-14-10 所示。

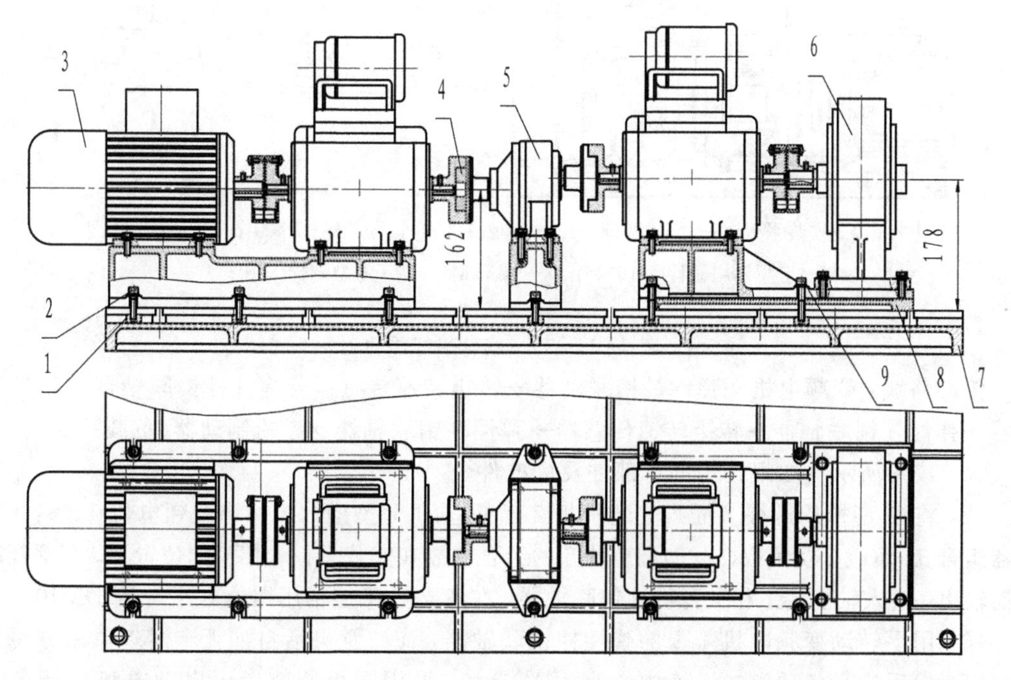

1—T 型螺栓(M10*45)；2—螺母 M10；3—变频电机；4—弹性柱销联轴器；5—圆柱齿轮减速器；6—磁粉制动器(负载)；7—安装平板；8—磁粉制动器底座；9—T 型槽用螺栓(M10*55)

图 2-14-10　圆柱齿轮传动

传动路线：变频电机→弹性柱销联轴器→转矩转速传感器→弹性柱销联轴器—圆柱齿轮减速器→弹性柱销联轴器→转矩转速传感器→弹性柱销联轴器→磁粉制动器(负载)。

(1) 按图所示选取组合用的零部件及标准件。

(2) 将 T 型槽用螺栓 1 插入安装平板 7 上相应的 T 型槽内，并将变频电机 3、圆柱齿轮减速器 5、负载 6 放在安装平板 7 相应的位置上。在圆柱齿轮减速器输入、输出轴上装上相应的弹性柱销联轴器，在各支座 T 型槽用螺栓上拧入螺母 M10。

(3) 用手转动变频电机 3 上的弹性柱销联轴器，应感觉灵活自如无卡滞现象后方可拧紧螺钉，然后进行各项测试。若中心高误差较大，采用铜板调节后再启动电机进行各项测试。

3. 蜗轮蜗杆传动的装配说明

蜗轮蜗杆传动如图 2-14-11 所示。

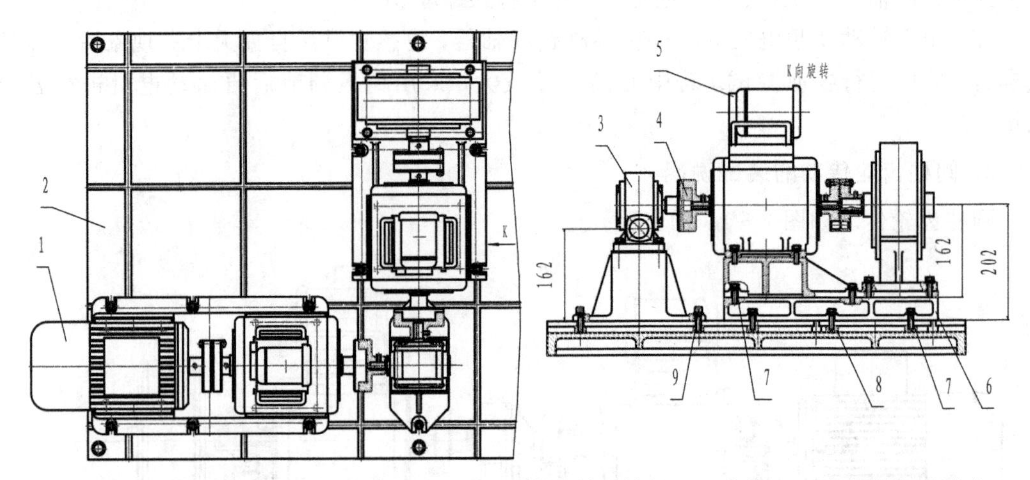

1—变频电机；2—安装平板；3—蜗轮减速器；4—弹性柱销联轴器；5—负载；6—负载(蜗杆)调节块；
7—T 型槽用螺栓(M10*45)；8—螺母 M10；9—T 型螺栓(M10*45)

图 2-14-11　蜗轮蜗杆传动

传动路线：变频电机→弹性柱销联轴器→转矩转速传感器→弹性柱销联轴器→蜗杆减速器→弹性柱销联轴器→转矩转速传感器→弹性柱销联轴器→磁粉制动器(负载)

(1) 按图所示选取组合用的零部件及标准件。

(2) 将 T 型槽用螺柱 7 插入安装平板 2 上相应的 T 型槽内，并将变频电机 1、蜗杆减速器组合 3、负载 5 及负载(蜗杆)调整块 6 的组合体放在安装平板 2 相应的位置上。在蜗杆减速器输出、输入轴上装上相关弹性柱销联轴器，在各支座 T 型槽用螺栓上拧入螺母 M10。

(3) 用手转动变频电机 1 上的弹性柱销联轴器，应感觉灵活自如无卡滞现象后方可拧紧螺钉，然后进行各项测试。若中心高误差较大，采用铜板调节后再启动电机进行各项测试。

4. 三角带(套筒滚子链、平皮带、齿形带)传动的装配说明

三角带(套筒滚子链、平皮带、齿形带)传动如图 2-14-12 所示。

传动路线：变频电机→弹性柱销联轴器→转矩转速传感器→弹性柱销联轴器→传动支承组件→三角带传动(平皮带传动、同步带传动、链传动)→传动支承组件→弹性柱销联轴器→转矩转速传感器→弹性柱销联轴器→磁粉制动器(负载)。

(1) 带或链传动的参数：

① 三角带传动：小三角带轮 $D_1=80$ mm，大三角带轮 $D_2=110$ mm，

参考中心距 $L=400$ mm，三角带规格 O－1120 mm；

② 平皮带传动：小带轮 $D_1=86$ mm，大带轮 $D_2=112$ mm，

参考中心距 $L=400$ mm，平皮规格 1100×12×2 mm；

③ 同步带传动：节距 $p=5$，小带轮齿数 $z_1=40$，大带轮齿数 $z_2=62$，

参考中心距 $L=400$ mm，齿形带节距＝5，带长 $L=1050$ mm；

④ 套筒滚子链传动：节距 $p=12.70$，小链轮齿数 $z_1=17$，大链轮齿数 $z_2=25$，参考中心距 $L=400$ mm，套筒滚子链规格 $t=12.7$ 88 节。

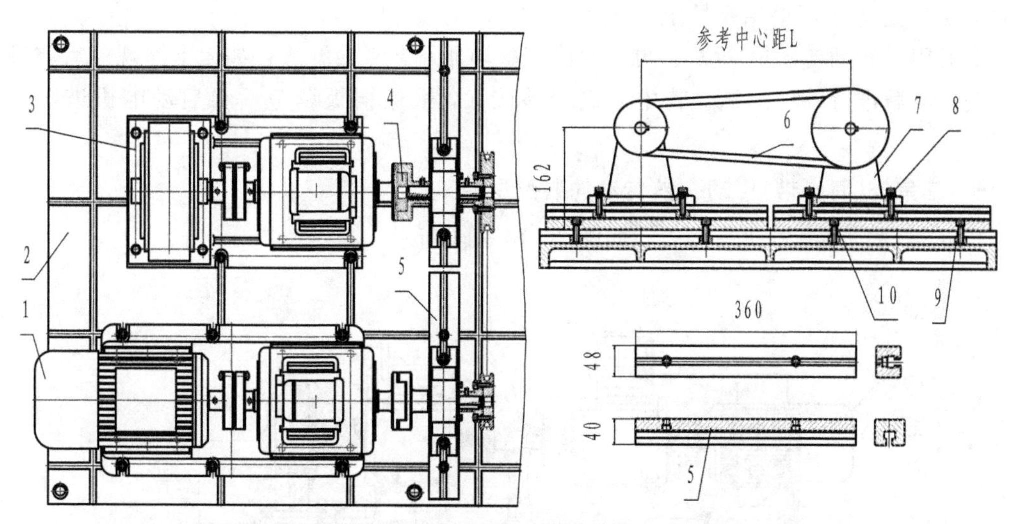

1—变频电机；2—安装平板；3—负载；4—弹性柱销联轴器；5—T 型滑槽；6—带或链传动；7—传动支承组件；8—螺母 M10；9—T 型槽用螺栓 M10*45；10—螺母 M10

图 2-14-12　三角带(套筒滚子链、平皮带、齿形带)传动

(2) 带或链轮在传动支承轴外伸联接处连接方式见图 2-14-13。

带或链轮在传动支承轴伸处连接方式可采用过渡法兰盘 2 用 M6＊20 内六角圆柱头螺钉 5 与带轮或链轮 6 固定(见图 2-14-13 左图)。或采用通过轴套 7 直接将带轮或链轮 6 安装在轴上(见图 2-14-13 中图)。

(3) 按图 2-14-12 所示搭接方式，选取组合用的零部件及标准件。

(4) 按图 2-14-13 所示将传动所需的带轮或链轮任选一种安装方式固定在图 2-14-12 所示的传动支承组件 7 上，其另一端轴伸处联接弹性柱销半联轴器。

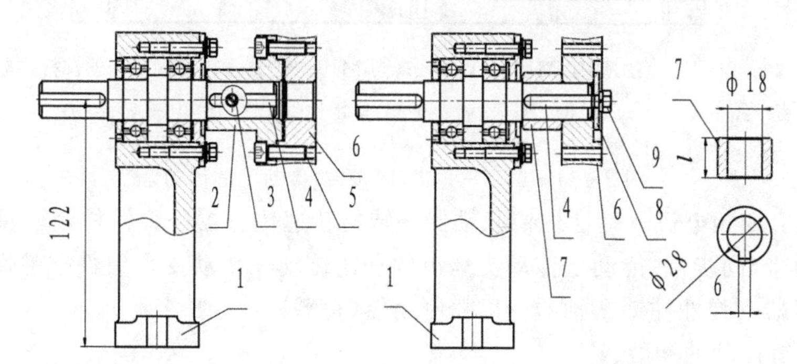

1—传动支承；2—过渡法兰盘；3—紧定螺钉；4—键；5—内六角圆柱头螺钉；6—带轮或链轮；7—轴套；8—轴挡；9—螺栓

图 2-14-13　带或链轮在传动支承组件轴伸处连接方式

(5) 如图 2-14-12 所示，将 T 型槽用螺栓 9 插入安装平板 2 上相应的 T 型槽内，并将变频电机 1、负载 3、按步骤(2)安装好的传动支承组件组合体及 T 型滑槽 5 放在安装平板 2 相应的位置上。确定传动中心距后装好皮带或链条。在传动轴上装上相关弹性柱销联轴器，在各支座 T 型槽用螺栓上拧入螺母 M10。

(6) 用手转动变频电机 1 上的弹性柱销联轴器，应感觉灵活自如无卡滞现象后方可拧紧螺钉，然后进行各项测试。若中心高误差较大，采用铜板调节后再启动电机进行各项测试。

5. 三角带(同步带)传动—链传动的装配说明

三角带(同步带)传动—链传动如图 2-14-14 所示。

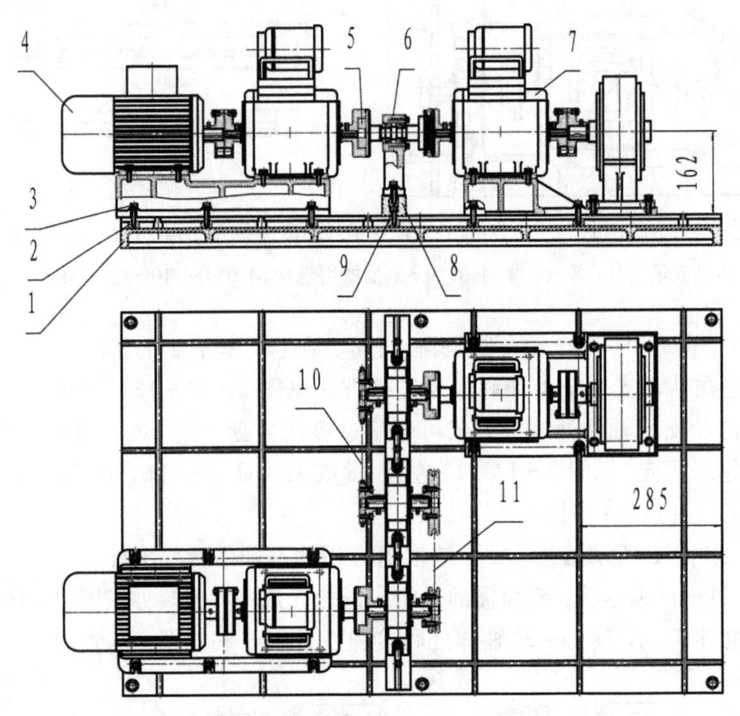

1—安装平板；2—T 型槽用螺栓(M10*45)；3—螺母 M10；4—变频电机；5—弹性柱销联轴器；6—传动支承组件；7—负载；8—T 型滑槽；9—T 型螺栓(M10*45)；10—链传动；11—带传动

图 2-14-14　三角带(同步带)传动—链传动

传动路线：变频电机→弹性柱销联轴器→转矩转速传感器→弹性柱销联轴器→传动支承组件→三角带(同步带)传动→传动支承组件→链传动→传动支承组件→弹性柱联轴器→转矩转速传感器→弹性柱销联轴器→磁粉制动器(负载)。

(1) 带或链传动的参数：

① 三角带传动：小三角带轮 $D_1=80$ mm，大三角带轮 $D_2=110$ mm，参考中心距 $L=400$ mm，三角带规格 O—1120；

② 同步带传动：节距 $p=5$，小带轮齿数 $z_1=40$，大带轮齿数 $z_2=62$，参考中心距 $L=400$ mm；

齿形带：节距=5；带长 $L=1050$ mm；

③ 套筒滚子链传动：节距 $p=12.70$；小链轮齿数 $z_1=20$，大链轮齿数 $z_2=25$，参考中心距 $L=400$ mm，套筒滚子链规格 $t=12.7$ 88 节。

(2) 按图所示搭接方式，选取组合用的零部件及标准件，并初步确定好负载 7 的位置。

(3) 按图 2-14-12 所示将传动所需的带轮或链轮任选一种安装方式固定在图 2-14-14 同所示的传动支承组件 6 上，并根据搭接需要在两个传动支承组件 6 其另一端轴伸处联接弹性柱销半联轴器。

(4) 将 T 型槽用螺栓 2 插入安装平板 1 上相应的 T 型槽内，并将变频电机 4、按步骤(3)安装好的传动支承组件组合体及 T 型滑槽 8 放在安装平板 1 相应的位置上。确定传动中心距后装好皮带或链条。在传动轴上相关位置装上相应弹性柱销联轴器，在各支座 T 型螺栓上拧入螺母 M10。

(5) 用手转动变频电机 4 上的弹性柱销联轴器，应感觉灵活自如无卡滞现象后方可拧紧螺钉，然后进行各项测试。若中心高误差较大，采用铜板调节后再启动电机进行各项测试。

6. 带、链—圆柱齿轮传动的装配说明

带、链—圆柱齿轮传动如图 2-14-15 所示。

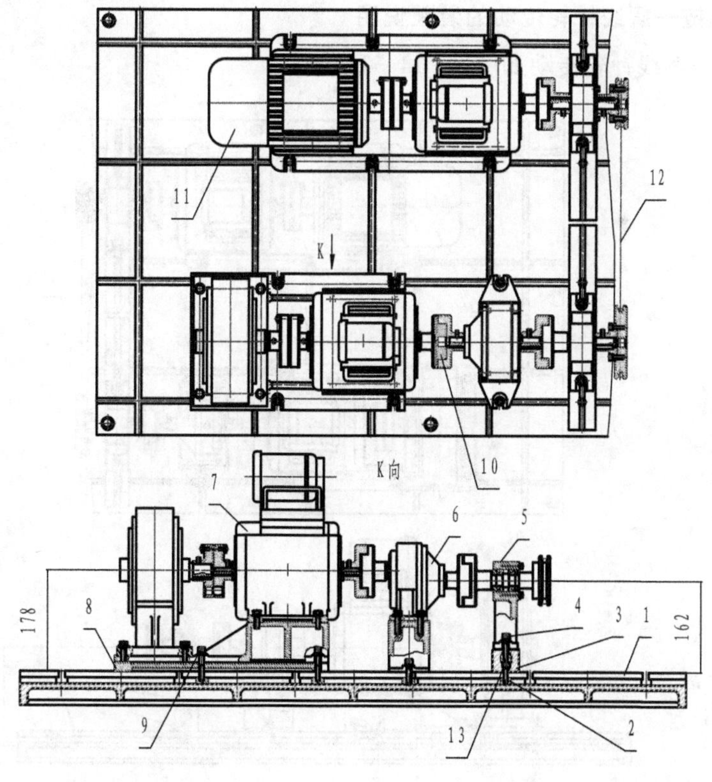

1—安装平板；2—T 型槽用螺栓(M10*45)；3—T 型滑槽；4—螺母 M10；5—传动支承组件；6—圆柱齿轮减速器；7—负载；8—铜板；9—T 型螺栓(M10*45)；10—弹性柱销联轴器；11—变频电机；12—带、链传动；13—T 型螺栓(M10*45)

图 2-14-15　带、链—圆柱齿轮传动

传动路线：变频电机→弹性柱销联轴器→转矩转速传感器→弹性柱销联轴器→传动支承组件→三角带传动(平皮带传动、齿形带传动、链传动)→ 传动支承组件→弹性柱销联轴器→圆柱齿轮减速器→弹性柱销联轴器→转矩转速传感器→弹性柱销联轴器→磁粉制动器(负载)。

(1) 带或链传动的参数：

参数见 4.(1)。

(2) 按图 2-14-15 所示搭接方式，选取组合用的零部件及标准件。

(3) 按图 2-14-12 所示将传动所需的带轮或链轮任选一种安装方式固定在图 2-14-15 所示的传动支承组件 5 上，其另一端轴伸处联接弹性柱销半联轴器。

(4) 将 T 型槽用螺栓 2 插入安装平板 1 上的相应 T 型槽内，并将变频电机 11、负载 7 和按步骤(3)安装好的传动支承组件组合体及 T 型滑槽 3 放在安装平板 1 的相应位置上。确定传动中心距后装好皮带或链条。在传动轴上装好弹性柱销联轴器，在各支座 T 型螺栓上拧入螺母 M10。

(5) 用手转动变频电机 11 上的弹性柱销联轴器，应感觉灵活自如无卡滞现象后方可拧紧螺钉，然后进行各项测试。若中心高误差较大，采用铜板调节后再启动电机进行各项测试。

7. 带、链—摆线针轮传动的装配说明

带、链—摆线针轮传动如图 2-14-16 所示。

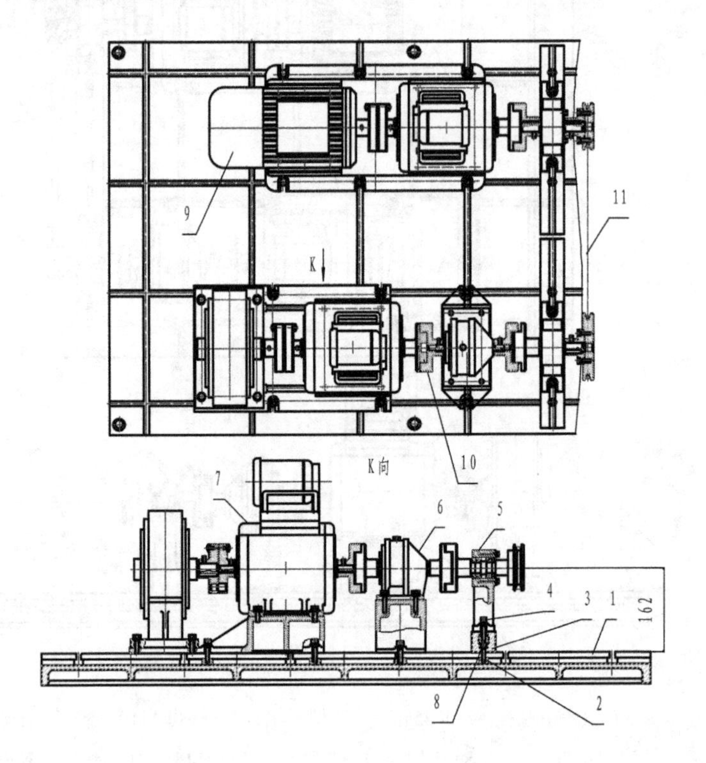

1—安装平板；2—T 型螺栓(M10*45)；3—T 型滑槽；4—螺母 M10；5—传动支承组件；6—摆线针轮减速器；7—负载；8—垫片；9—变频电机；10—滑块；11—带、链传动

图 2-14-16 带、链—摆线针轮传动

传动路线：变频电机→弹性柱销联轴器→转矩转速传感器→弹性柱销联轴器→传动支承组件→三角带传动(平皮带传动、齿形带传动、链传动)→ 传动支承组件→弹性柱销联轴器→摆线针轮减速器→弹性柱销联轴器→转矩转速传感器→弹性柱销联轴器→磁粉制动器(负载)。

(1) 带或链传动的参数：

参数见 4.(1)。

(2) 按图 2-14-16 所示确定搭接方式，选取组合用的零部件及标准件。

(3) 将 T 型螺栓 2 插入安装平板 1 上相应的 T 型槽内，并将变频电机 9、负载 7、按步骤 6.(3)安装好的传动支承组件组合体及 T 型滑槽 3 放在安装平板 1 的相应位置上。确定传动中心距后装好皮带或链条。在传动轴上装上弹性柱销联轴器，在各支座 T 型螺栓上拧入螺母 M10。

(4) 用手转动变频电机 9 上的弹性柱销联轴器，应灵活自如无卡滞现象，然后拧紧螺钉并进行各项测试。若中心高误差较大，采用铜板调节后再启动电机进行各项测试。

8. 摆线针轮—圆柱齿轮传动的装配说明

摆线针轮—圆柱齿轮传动如图 2-14-17 所示。

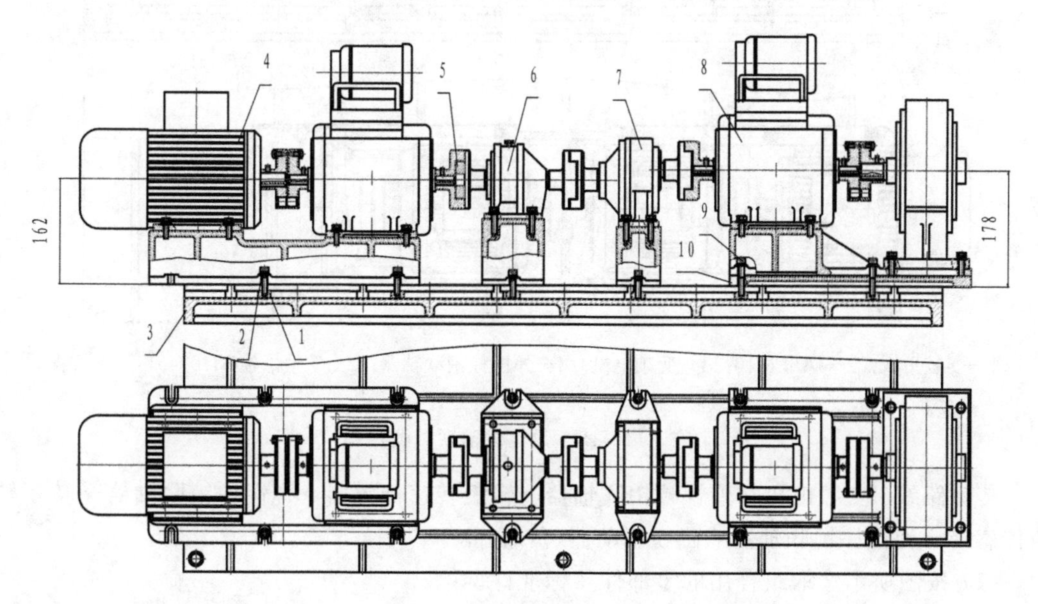

1—T 型螺栓(M10*45)；2—螺母 M10；3—安装平板；4—变频电机；5—弹性柱销联轴器；6—摆线针轮减速器；7—圆柱齿轮减速器；8—负载；9—螺母 M10；10—T 型螺栓(M10*45)

图 2-14-17　摆线针轮—圆柱齿轮传动

传动路线：变频电机→弹性柱销联轴器→转矩转速传感器→弹性柱销联轴器→摆线针轮减速器→弹性柱销联轴器→圆柱齿轮减速器→弹性柱销联轴器→转矩转速传感器→弹性柱销联轴器→磁粉制动器(负载)。

(1) 按图 2-14-17 所示搭接方式，选取组合用的零部件及标准件。

(2) 将 T 型螺栓 1 插入安装平板 3 上的相应的 T 型槽内，并将变频电机 4、圆柱齿轮减速器 7、摆线针轮减速器 6、负载 8 放在安装平板 3 的相应的位置上。装好弹性柱销联轴器，在各支座 T 型螺栓上拧入螺母 M10。

(3) 用手转动变频电机 4 上的弹性柱销联轴器，应感觉灵活自如无卡滞现象后方可拧紧螺钉，然后进行各项测试。若中心高误差较大，采用铜板调节后再启动电机进行各项测试。

9. 弹性柱销联轴器传动的装配说明

弹性柱销联轴器传动如图 2-14-18 所示。

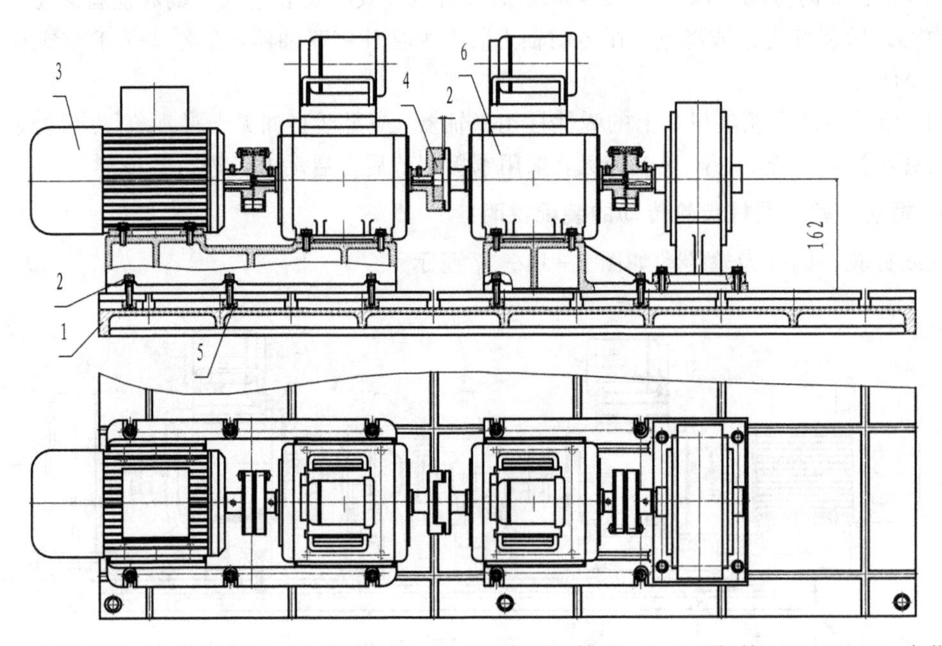

1—安装平板；2—螺母 M10；3—变频电机；4—弹性柱销联轴器；5—T 型螺栓(M10*45)；6—负载

图 2-14-18 弹性柱销联轴器传动

传动路线：变频电机→弹性柱销联轴器→转矩转速传感器→弹性柱销联轴器→转矩转速传感器→弹性柱销联轴器→磁粉制动器(负载)。

(1) 按图所示选取组合用的零部件及标准件。

(2) 将 T 型螺栓 5 插入安装平板 1 上的相应的 T 型槽内，并将变频电机 3、负载 6 放在安装平板 1 相应的位置上。装好弹性柱销联轴器 4，在各支座 T 型螺栓上拧入螺母 M10。

(3) 用手转动变频电机 3 上的弹性柱销联轴器，应感觉灵活自如无卡滞现象，然后拧紧螺钉进行各项测试。若中心高误差较大，可采用铜板调节后再启动电机进行各项测试。

四、实验台测试控制系统及工作原理

1. 测试控制系统组成

实验台测试控制系统组成如图 2-14-19 所示。

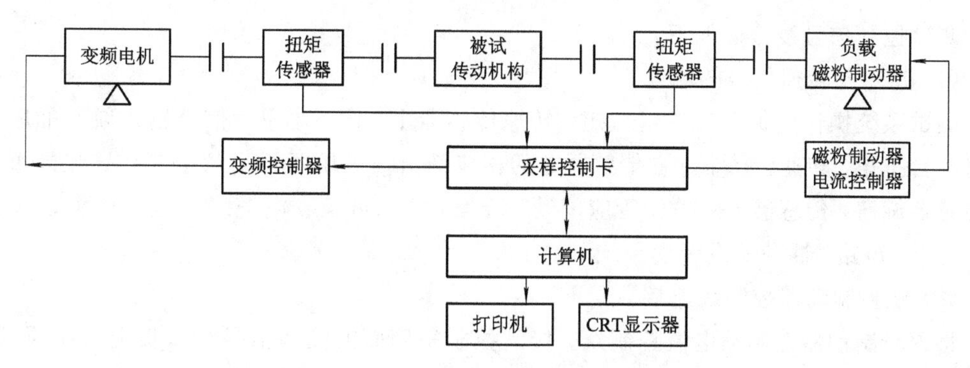

图 2-14-19　实验台测试控制系统组成

2. 测试系统

测试系统操作面板及控制信号接口板分别如图 2-14-20 和图 2-14-21 所示。

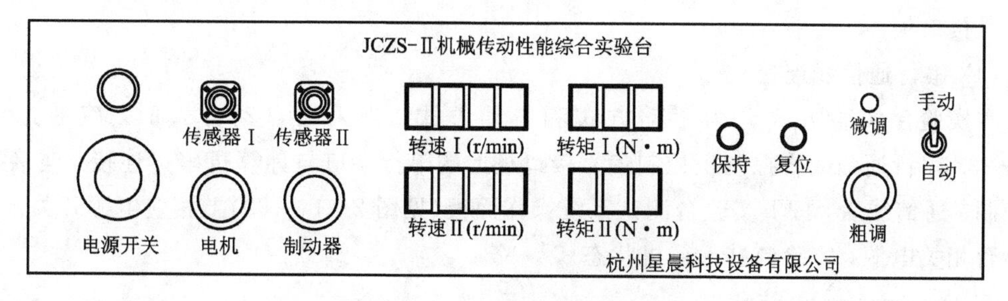

图 2-14-20　测试系统操作面板

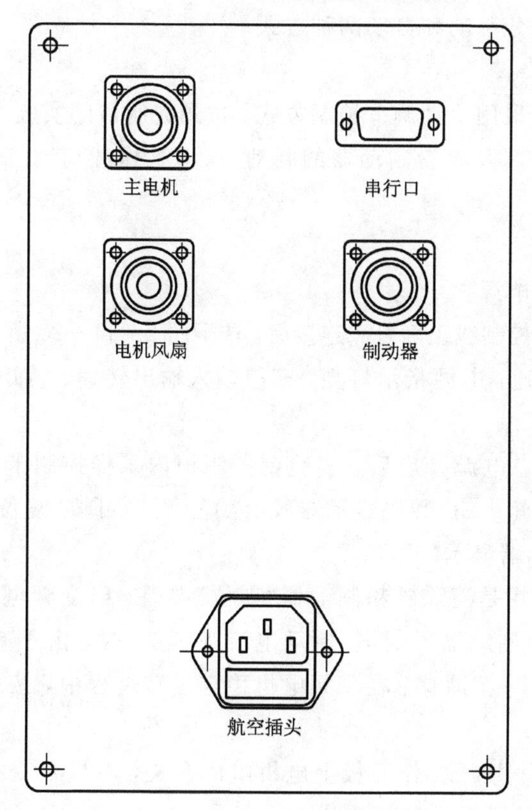

图 2-14-21　控制信号接口板

测试控制信号线接法如下：

(1) 扭矩及转速信号的输入。

测试系统操作面板上有二组扭矩，转速传感器Ⅰ、传感器Ⅱ、信号输入航空插座，只要将两台扭矩、转速传感器Ⅰ、传感器Ⅱ的相应输出信号用两根高频电缆线连接即可。转动传感器旋钮，传感器上二发光管应闪动。若无闪动，可检查电缆线及航空插头是否有松动、断线、短路、插针缩进等现象。

(2) 磁粉制动器控制线连接。

将磁粉制动器上制动电流控制线，接入控制柜侧面的控制信号接口板上对应的(制动器)五芯航空插座上(见图 2-14-21)，并旋紧。

(3) 变频电机控制线连接。

变频电机控制连线中有电机转速控制线和风扇控制线两根，分别接入控制柜侧面的控制信号接口板。

(4) 串行通信线连接。

本实验台实验方式分为手动方式和自动方式。当采用自动方式时，应通过标准 RS-232 串行通信线将控制柜控制信号接口板上的串行端口与计算机串口连接。连接好所有控制、通信线后，按下实验台测试系统操作面板(见图 2-14-20)上相应电源开关，接通实验台相关电源，实验台进入待机状态。

3. 控制系统工作方式

本实验台实验方式分手动和自动两种方式。

1) *手动方式*

手动方式为实验者采用手动调节控制方式，按预先制订的实验方案通过实验台测试系统操作面板控制电机转速及磁粉制动器的制动力(即工作载荷)，来完成整个实验过程的操作。

方法如下：

(1) 接通实验台总电源。

系统电源及各信号控制线正确可靠连接后，按下图 2-14-20 所示测试系统操作面板上电源开关按钮，电源接通，电源指示灯亮。四组输入输出转速、转矩 LED 数码显示器显示“0”。

(2) 复位。实验台总电源开启后，实验台控制柜内采样控制卡一般处于“复位”状态，四组输入输出转速、转矩 LED 数码显示器显示“0”。否则可按“复位”按钮，使采样控制卡“复位”，LED 数码显示器显示“0”。

(3) “保持”按钮作用是清除磁粉制动器“零位”误差。当变频电机达到实验预定转速，并稳定运转时，在磁粉制动器不通电(制动电流为“零”)时，由于有磁粉制动器剩磁作用等，会引起不稳定的“零位”漂移。在变频电机稳定运转过程中，按压“保持”按钮，可清除“零位”误差。

(4) 电机转速控制。按压操作面板上电机电源开关，电机及变频控制器电源接通，变频控制器 LED 数码显示器显示“0”。

将变频控制器设置为手动控制模式，设置方法见附录二。

按实验预定方案，调节变频控制器上调速电位器，观察输入转速(即变频电机输出转速)LED数码显示器，控制电机转速达到某预定转速，并稳定运转。

(5) 磁粉制动器手动控制。

按压实验台测试系统操作面板上磁粉制动器电源开关，磁粉制动器电源接通。将测试系统操作面板上拨动开关切换至“手动”，手动旋转磁粉制动器控制电流调节电位器旋钮，即可调节磁粉制动器制动力(即负载)大小。调节控制电位器设有“粗调”和“细调”二挡。

采用“手动”方式 通过抄录实验显示数据，可脱开计算机人工分析、绘制实验曲线，作出实验报告。

2) *自动方式*

按压操作面板上电机电源开关，电机及变频控制器电源接通，变频控制器LED数码显示器显示“0”。

将变频控制器设置为自动控制模式，方法见附录二。

实验操作方法及步骤见下节说明。

五、系统软件说明

1. 运行软件

双击桌面上快捷方式图标，进入该软件运行环境。

2. 界面总览

软件的运行界面如图2-14-22所示，点击“登录系统”按钮进入主程序界面。主程序界面如图2-14-23所示。

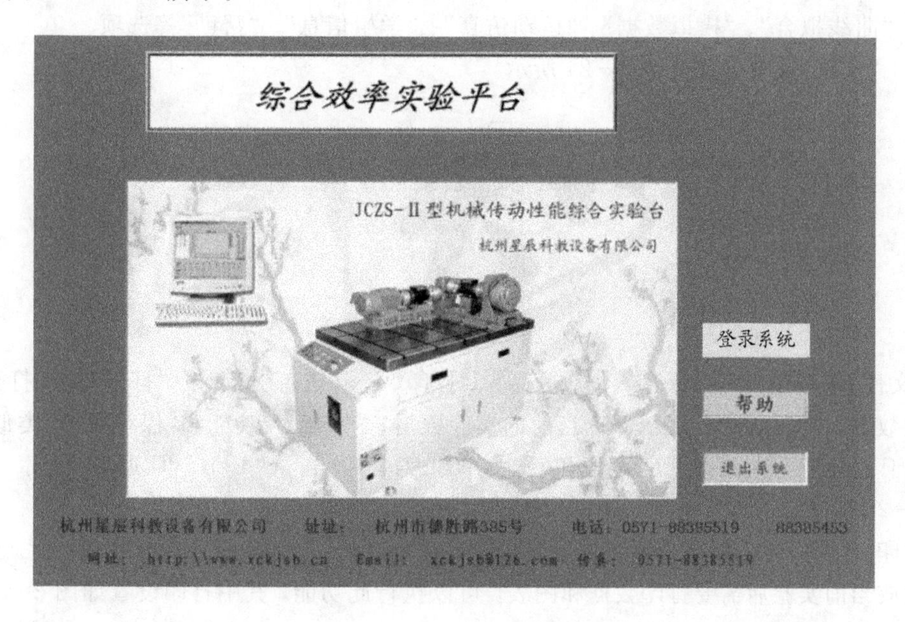

图2-14-22　软件运行界面

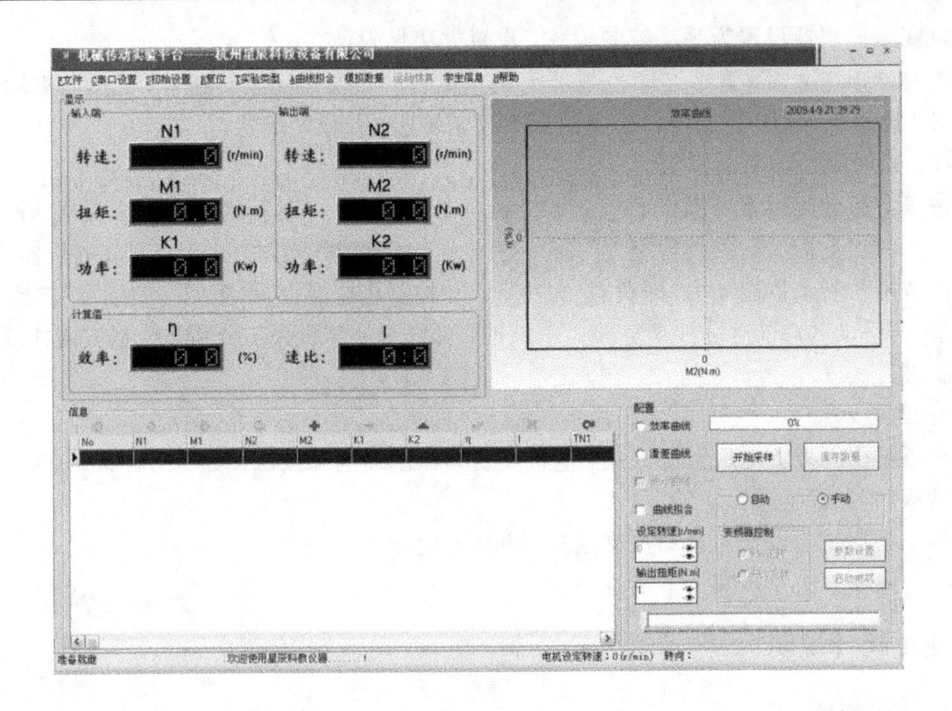

图 2-14-23　主程序界面

主程序界面主要分为主程序菜单、显示面板、系统控制操作面板、测试记录数据库和状态栏五个部分。

1) 主程序菜单

主程序菜单位于程序界面上部，有“文件”、“串口设置”、“初始设置”、“复位”、“实验类型”、“曲线拟合”、“模拟数据”、“运动仿真”、“学生信息”、“帮助”等选项。

(1) “文件”菜单如图 2-14-24 所示。

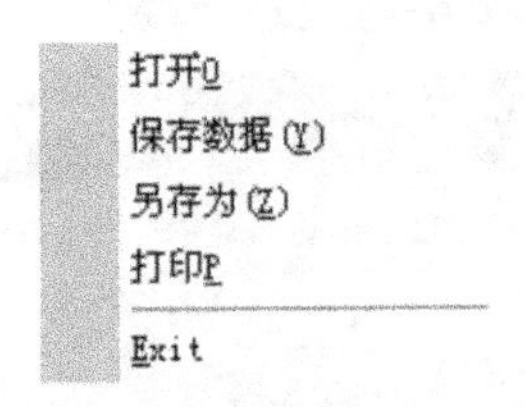

图 2-14-24　“文件”菜单

“文件”菜单由打开、保存数据、另存为、打印、Exit 五部分组成。“打开”用于打开保存的实验数据；“保存数据”用于保存当前的实验数据；“另存为”功能和“保存数据”类似；“打印”用于打印当前的实验数据和图表，即实验报告；“Exit”即退出程序。如图 2-14-25 所示。

打印：

完成当前实验后需要打印数据和图表，可以执行此功能，其中打印设置如图 2-14-26 所示，请选择好打印机，其他可根据需要设置。

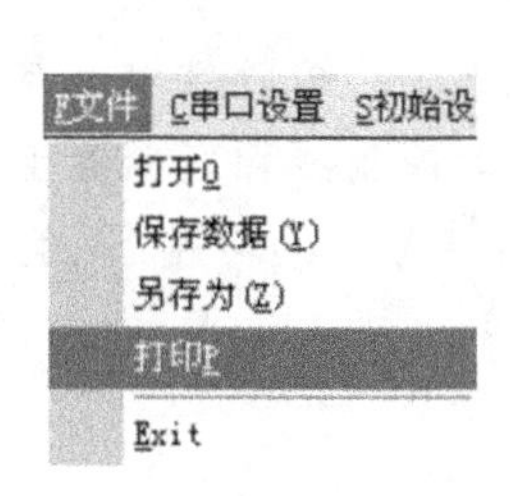

图 2-14-25　打印

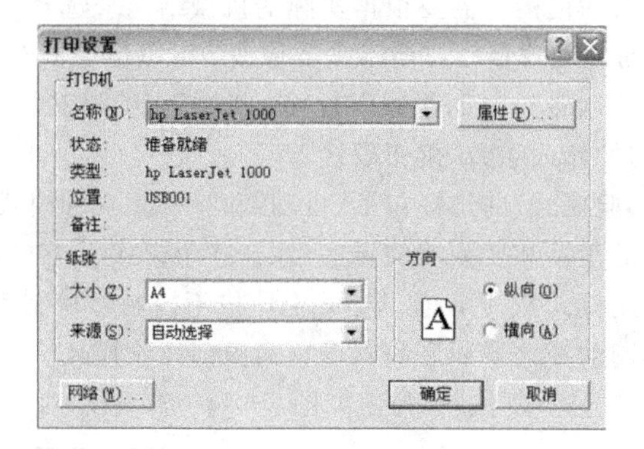

图 2-14-26　打印界面

(2) 选择"串口设置"会弹出如图 2-14-27 所示界面，用户可根据串口的使用说明进行正确配置。

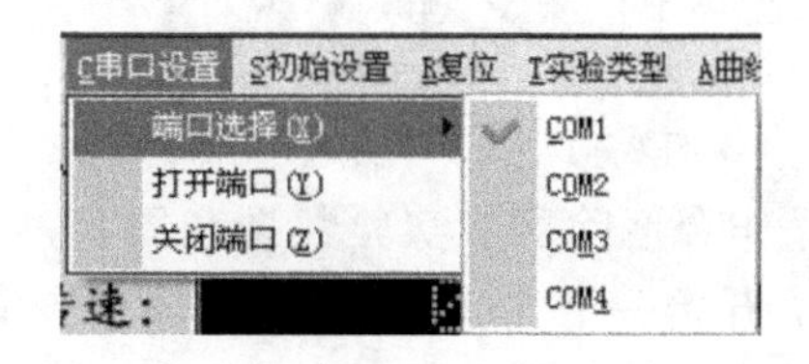

图 2-14-27　"串口设置"界面

(3)"初始设置"界面如图 2-14-28 所示。

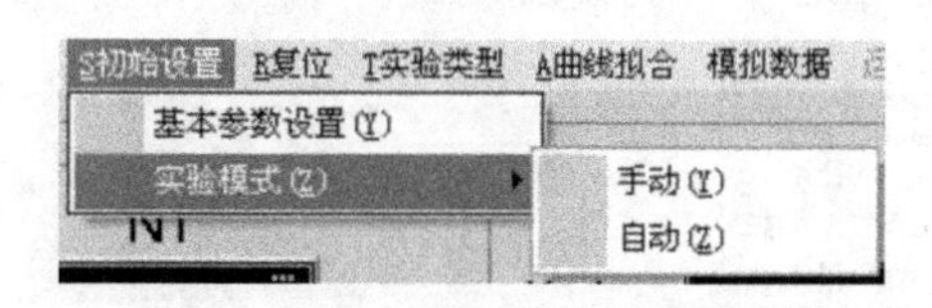

图 2-14-28　"初始设置"界面

选择"基本参数设置"弹出如图 2-14-29 所示对话框。

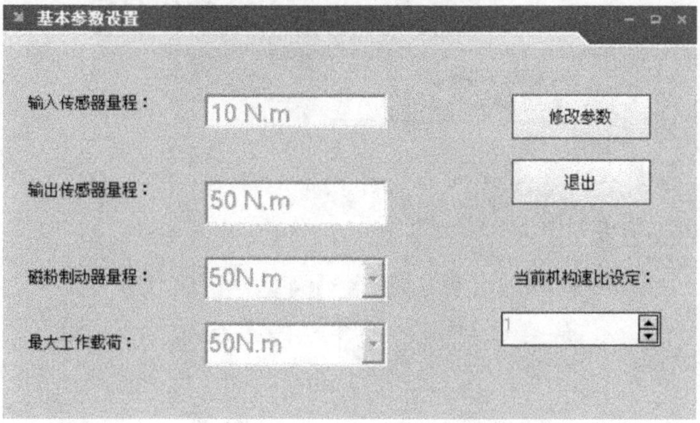

基本参数设置

输入传感器量程：10 N.m

输出传感器量程：50 N.m

磁粉制动器量程：50N.m

最大工作载荷：50N.m

修改参数

退出

当前机构速比设定：1

图 2-14-29　"基本参数设置"对话框

此对话框内容需要根据实际的机械结构来选择，对于输入传感器量程、输出传感器量程、磁粉制动器量程目前不需要修改，可以保持默认状态；最大工作载荷的设置可以改变上位机控制磁粉制动器输出量程。机构速比设定需要根据当前机构类型设置，参数设置后可以通过“修改参数”按钮确认。

“实验模式”的选择包括“自动”和“手动”两种模式，自动模式下上位机软件可控制磁粉制动器的扭矩和变频器的转速(注：自动模式下需要设置磁粉制动控制器和变频器工作下外部控制模式)；手动模式下，上位机不控制磁粉制动器的扭矩和变频器的转速，并且需要把磁粉制动控制器和变频器设置为内部控制模式。

(4) 选择“复位”会弹出如图 2-14-30 所示对话框。

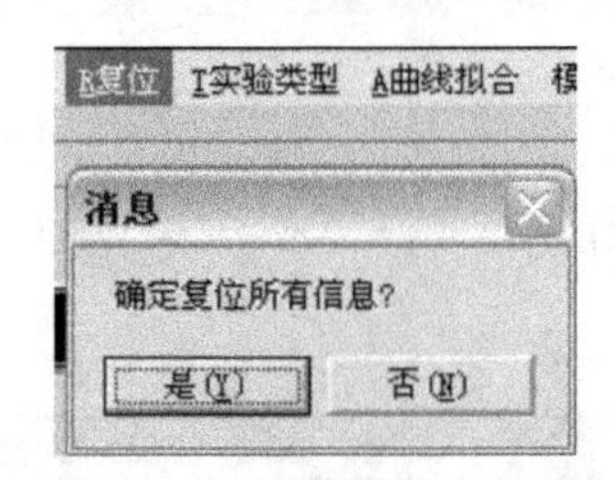

图 2-14-30　“复位”对话框

如果点击“是(Y)”，此操作会清除所有实验数据和图表，并把程序恢复到初始状态。此操作一般用于初始化设备，开始一个实验前。注：此操作会清除所有当前实验数据，不可恢复，在重新做新的实验前请先保存好当前实验数据。

(5) 点击“实验类型”后显示菜单如图 2-14-31 所示，可选择当前要操作的实验机构。在开始一个实验前，请注意先选择一个实验类型。

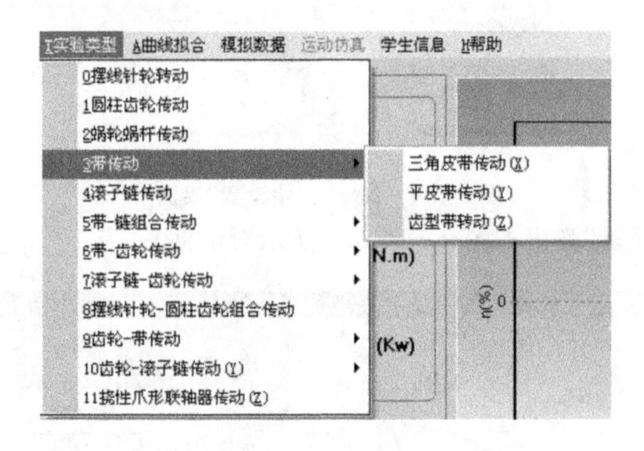

图 2-14-31　实验类型选择

(6)“曲线拟合”菜单如图 2-14-32 所示。

图 2-14-32　“曲线拟合”菜单

需要对当前的实验数据或模拟数据进行数据拟合并显示时可以操作此选项。选择“拟合设置”会弹出如图 2-14-33 所示对话框。

当前的程序默认采用了多项式拟合，拟合次数可修改。对于所需要显示的拟合曲线可以通过如图 2-14-34 所示界面选择。

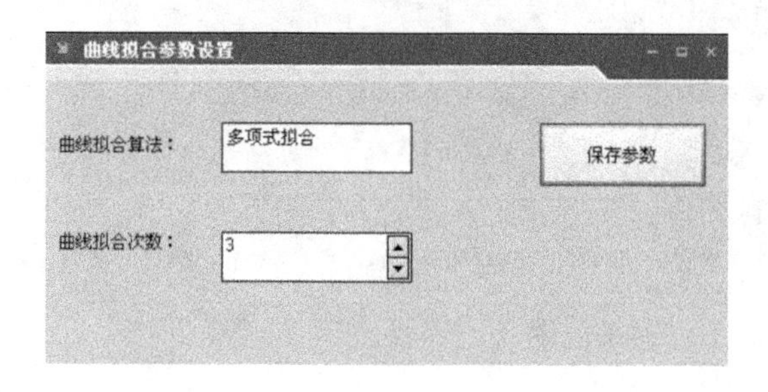

图 2-14-33　“曲线拟合参数”对话框

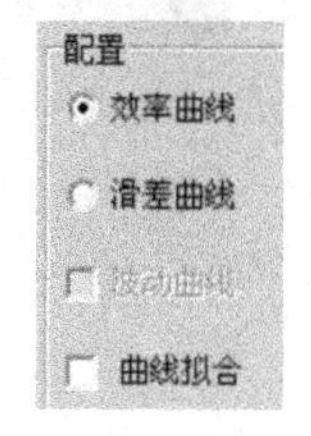

图 2-14-34　选择拟合曲线

(7) 选择“模拟数据” 弹出如图 2-14-35 所示菜单。

此选项用于显示不同机构的模拟数据，“当前选定机构”用于显示当前选择的实验机构的模拟数据，选择“其他典型机构”会出现如图 2-14-36 所示界面，用于选择所需要显示的机构模拟数据。退出模拟数据状态可通过“清除模拟数据”或“复位”来实现。

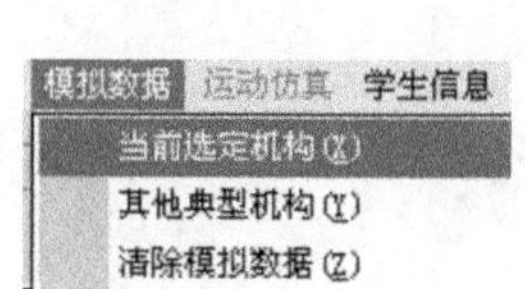

图 2-14-35　“模拟数据”菜单

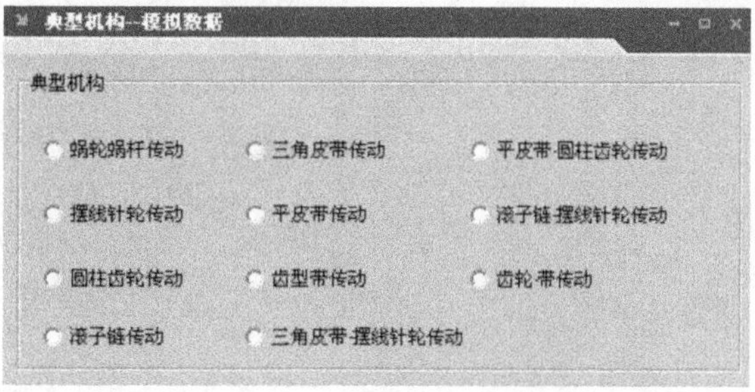

图 2-14-36　“典型机构模拟数据”界面

(8) “学生信息”选项用于注册当前实验的用户信息，其对话框如图 2-14-37 所示。

(9) “帮助”选项包含帮助文件和关于两个选项，其中帮助文件可以指导用户具体操作和注意事项，“帮助”菜单如图 2-14-38 所示。

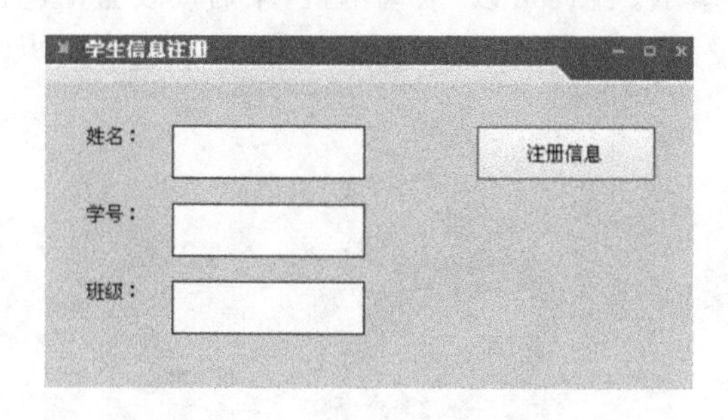

图 2-14-37　“学生信息注册”对话框

图 2-14-38　“帮助”菜单

2) 显示面板

显示面板显示测试数据及曲线，如图 2-14-39 所示。

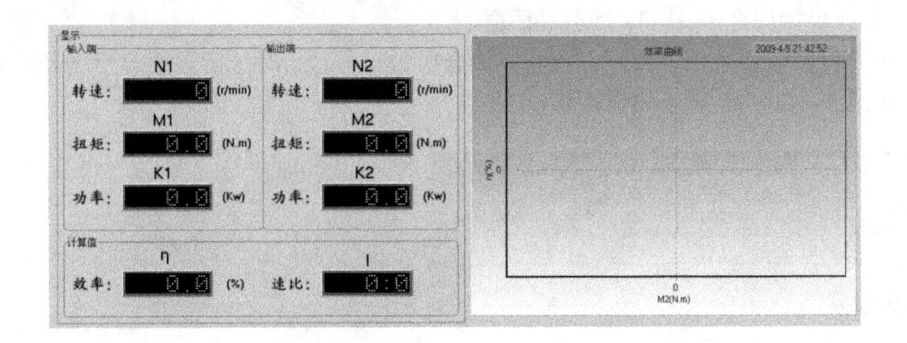

图 2-14-39　显示面板

3）系统控制操作面板

系统控制操作面板如图 2-14-40 所示。

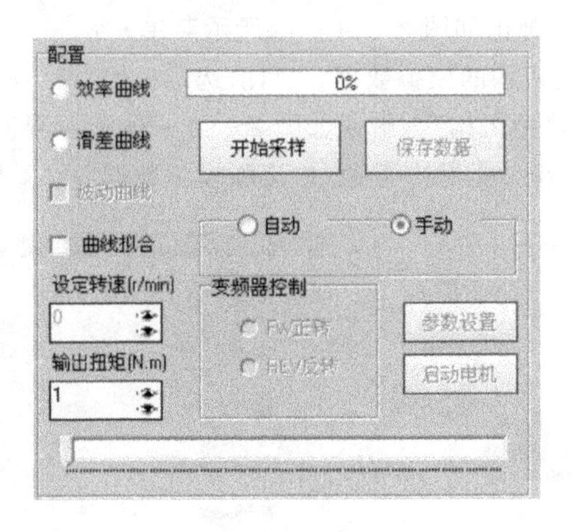

图 2-14-40　系统控制界面

在开始一个实验前需要先设置系统的工作模式，即手动模式还是工作模式(关于模式选择也可以通过菜单栏中的初始设置中的实验模式来选择)，模式的选择如图 2-14-41 所示。

当设置为自动模式下时还需要设置参数："设定转速"、变频器控制正转和反转，设置完参数需要保存设置，如图 2-14-41 所示。此时可以"启动电机"来启动设置的电机，启动电机后用户需要等到电机转速达到设定转速后才可以控制磁粉制动器输出扭矩，如图 2-14-42 所示。

图 2-14-41　工作模式选择

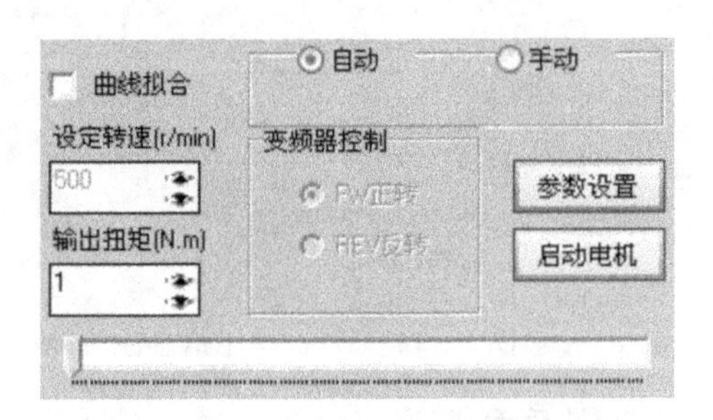

图 2-14-42　自动模式下的参数设定

启动电机后系统会自动打开“开始采样”，此时用户也可点击“保存数据”按钮来保存当前的实验数据，如图 2-14-43 所示。

配置
效率曲线
0%
滑差曲线
开始采样
保存数据

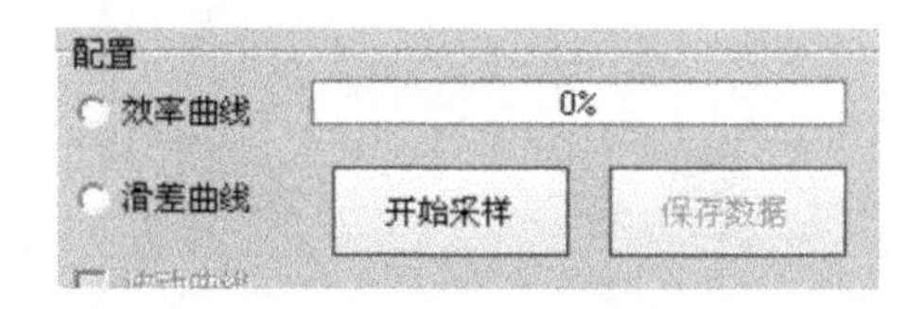

图 2-14-43　保存数据

当电机转速达到用户设定转速后可以通过图 2-14-44 所示的控制条来控制磁粉制动器的输出扭矩。当扭矩达到用户所需要的扭矩时，用户可以点“保存数据”按钮，完成一组实验数据的采集，如图 2-14-45 所示。

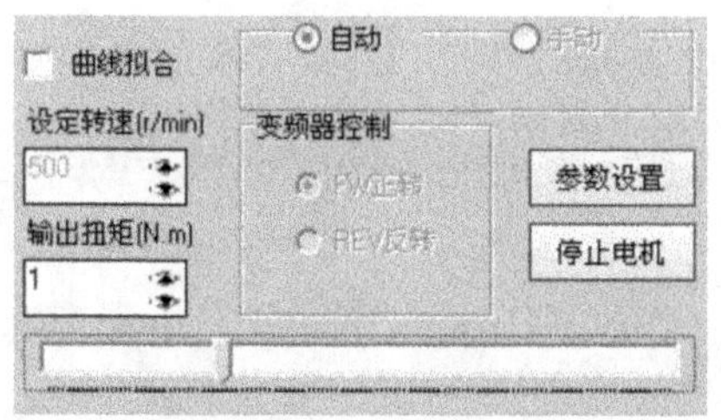

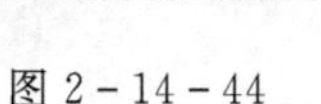

曲线拟合
自动
手动
设定转速(r/min)
500
变频器控制
输出扭矩(N.m)
1
参数设置
停止电机

图 2-14-44

配置
效率曲线
0%
滑差曲线
停止采样
保存数据
波动曲线

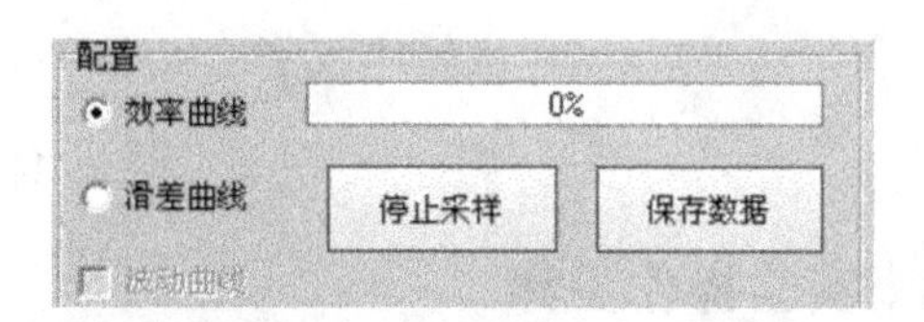

图 2-14-45

当点击完保存数据后用户可以在数据显示区查看所完成的实验数据，如图 2-14-46 所示。

4）测试记录数据库

测试记录数据库用以保存实验数据，用户可以在数据显示区观察或修改当前实验所得到的实验数据。数据显示区如图 2-14-46 所示，用户同时可以通过点击鼠标右键来操作数据选项，包括：前一条记录、下一条记录、保存数据、删除当前记录、清空记录、刷新。

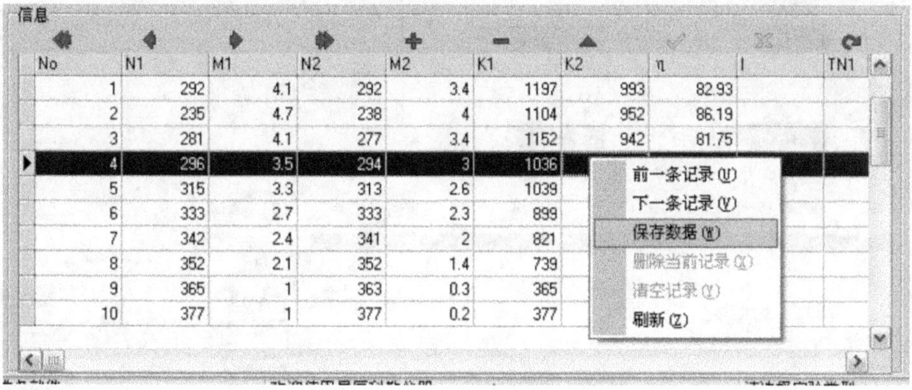

信息
No N1 M1 N2 M2 K1 K2 η I TN1
1 292 4.1 292 3.4 1197 993 82.93
2 235 4.7 238 4 1104 952 86.19
3 281 4.1 277 3.4 1152 942 81.75
4 296 3.5 294 3 1036
5 315 3.3 313 2.6 1039
6 333 2.7 333 2.3 899
7 342 2.4 341 2 821
8 352 2.1 352 1.4 739
9 365 1 363 0.3 365
10 377 1 377 0.2 377
前一条记录(U)
下一条记录(V)
保存数据(W)
删除当前记录(X)
清空记录(Y)
刷新(Z)

图 2-14-46　采集后的数据显示(一)

其中保存数据功能可以保存当前的实验数据，供用户以后查看。删除当前记录会删除当前选择中的数据栏中数据(图 2-14-46 中的蓝色标记)。清空记录会删除当前所有采集的数据。(注此操作对数据是不可恢复的)。对数据的操作也可通过点击下面的图形符号标签来实现，每个图的含义如下：

回到第一条记录；

前一条记录；

后一条记录；

最一条记录；

增加一条记录；

删除一条记录；

修改记录；

刷新记录。

5）状态栏

状态栏显示当前实验过程状态，如图 2-14-47 所示。

准备就绪
欢迎使用星辰科教仪器......!
摆线针轮转动
电机设定转速：500(r/min)
转向：正转(FW)

图 2-14-47　状态栏

六、实验操作步骤

1. 进入主程序界面

主程序界面如图 2-14-48 所示(软件操作参见系统软件说明)。

N1
转速：
(r/min)
M1
扭矩：
(N.m)
K1
功率：
(Kw)
N2
M2
K2
η
效率：
(%)
i
速比：
效率曲线
M2(N.m)
No
N1
M1
N2
M2
K1
K2
TN1
效率曲线
开始采样
曲线拟合
自动
手动
准备就绪
欢迎使用星辰科教仪器......!

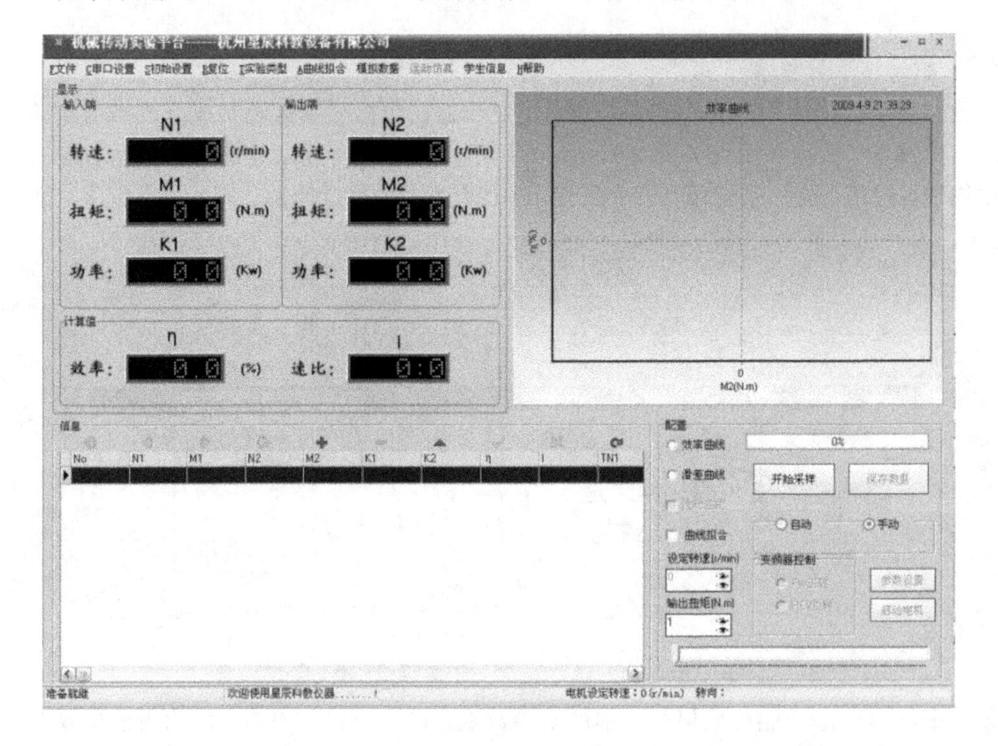

图 2-14-48　主程序界面

2. 打开串口

PC 机通过 RS-232 串口与实验设备连接，软件默认选择的是 PC 机的 COM1 端口，如果用户连接的 PC 机串口不是第一个 COM1，请选择到相应端口，如图 2-14-49 所示。

3. 选择需要实验的机构类型

根据机构运动方案搭建的机构类型在软件菜单栏“实验类型”中选定实验机构类型，如图 2-14-50 所示。

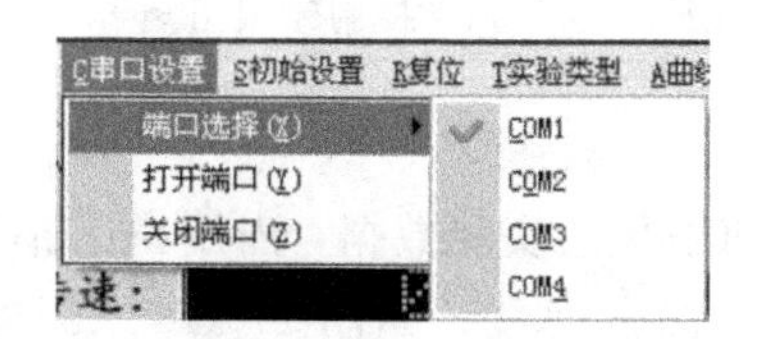

图 2-14-49　选择端口

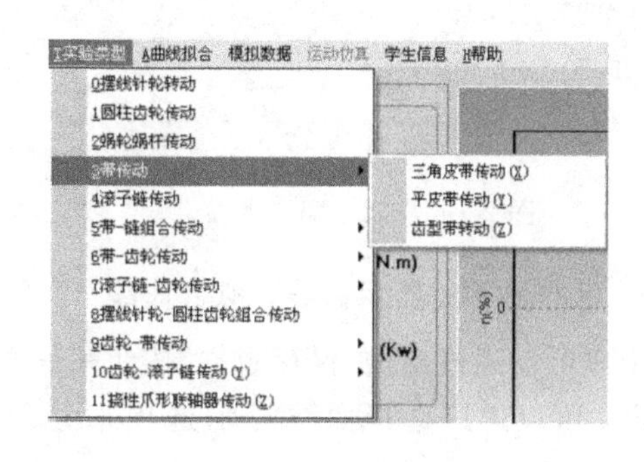

图 2-14-50　选择实验机构类型

4. 初始设置

基本参数设置：

根据具体实验机构设置相应的最大工作载荷和机构传动速比，如图 2-14-51 所示。

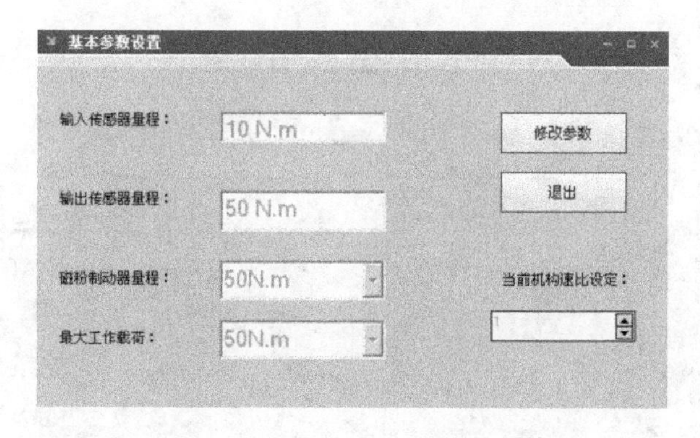

图 2-14-51　“基本参数设置”界面

选择系统实验工作模式：系统的工作模式分自动、手动，可通过初始设置－>实验模式或在配置界面直接设置。

5. 参数设置、启动电机

在自动模式下，需要设置转速和变频器转向，保存参数后启动电机，这时系统会自动采集参数和控制变频器输出转速。

在手动模式下，只需要点击“开始采样”按钮就可采集数据了，如图 2-14-52 所示。

6. 控制输出扭矩

用户通过控制扭矩控制条来控制磁粉制动器的输出扭矩，如图 2-14-53 所示。

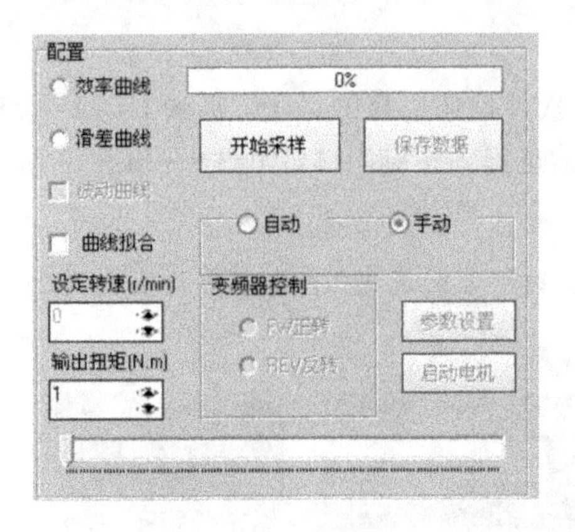

图 2-14-52　配置界面

图 2-14-53　控制输出扭矩

7. 保存数据、显示曲线、拟合曲线

用户可以通过点击"保存数据"按钮来保存一组当前采集的实验数据，当用户采集到足够数据，可以通过选择曲线显示选项来显示曲线以及拟合曲线，如图 2-14-54 和图 2-14-55 所示。

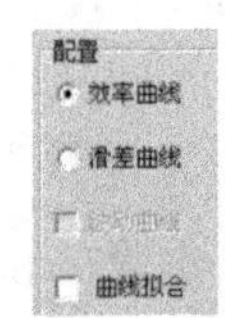

图 2-14-54　选择曲线

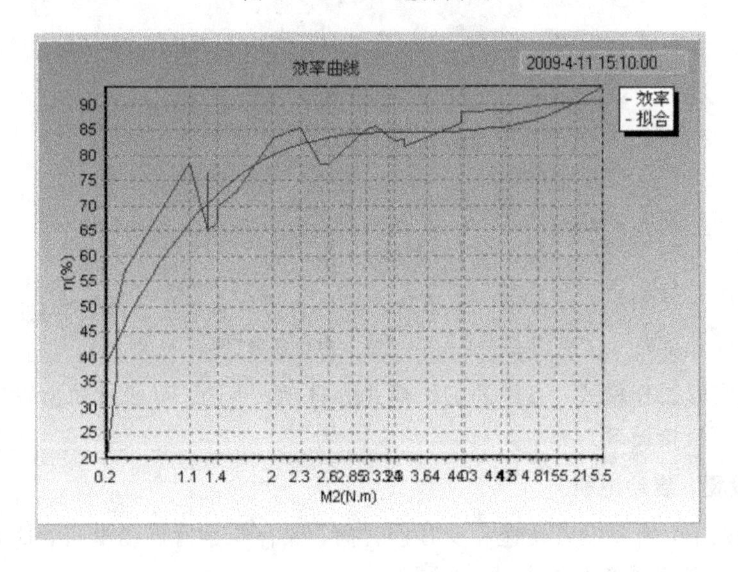

图 2-14-55　实验结果线图显示

8. 保存实验数据、打印

用户完成一个实验后，可以保存所有实验数据以及打印实验报告，如图 2-14-56～2-14-58 所示。

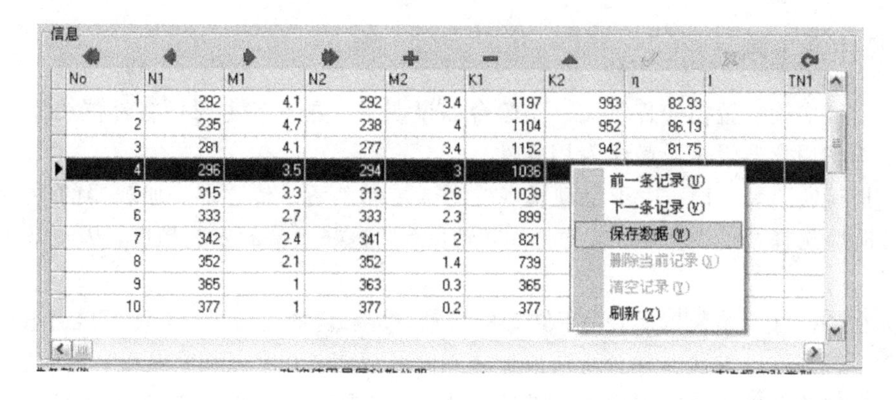

图 2-14-56　保存数据

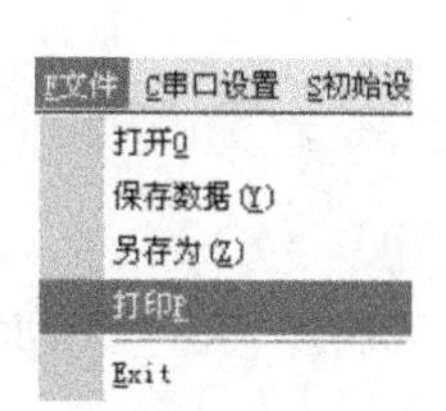

图 2-14-57　打印

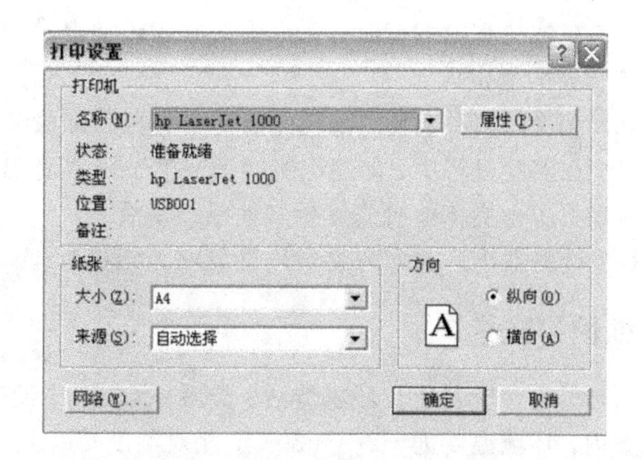

图 2-14-58　“打印设置”界面

9. 复位

当用户完成本实验重新开始做实验时，可以通过复位来清除当前数据，不过用户需要先保存好前一次实验数据，以免造成数据丢失。

10. 退出系统

用户完成实验后，需要正确退出系统。分别点击 Exit 命令和“退出系统”按钮，如图 2-14-59 和图 2-14-60 所示。

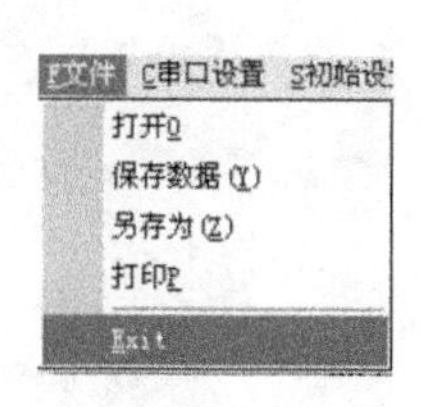

图 2-14-59　退出

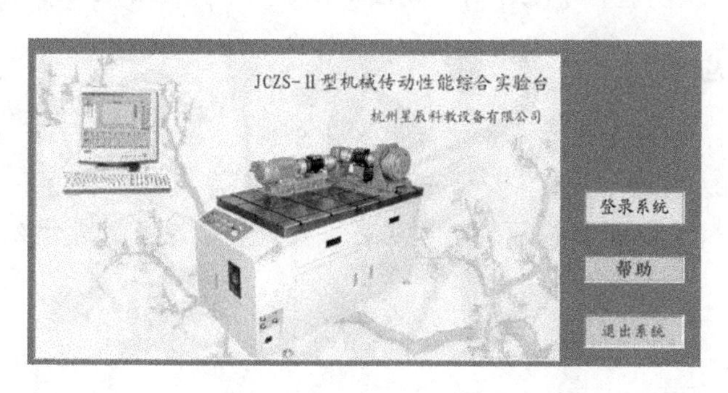

图 2-14-60　“退出系统”界面

七、实验注意事项

(1) 搭接实验装置前应仔细阅读实验台的说明书，熟悉各主要设备性能、参数及使用方法，正确使用仪器设备及教学专用软件。

(2) 搭接实验装置时，由于电动机、被测试传动装置、传感器、加载器的中心高不一致，搭接时应选择合适的垫板、支撑座、联轴器，调整好设备的安装精度，从而保证测试的数据精确。

(3) 在搭接好实验装置后，用手转动电机轴，如果装置运转灵活，便可接通电源，启动实验装置，否则应仔细检查并分析造成运转干涉的原因，并重新调整装配，直到运转灵活。

(4) 本实验台采用风冷却磁粉制动器方式，注意其表面温度不能超过 80℃，实验结束后应及时卸除负载。

(5) 在施加实验载荷时，无论手动方式还是自动方式都应平稳加载，并最大加载不得超过传感器的额定值。

(6) 无论做何种实验，都应先启动主电机后加载荷，严禁先加载后启动。

(7) 在实验过程中，如遇电机转速突然下降或者出现不正常噪音和震动时都应按紧急停车按钮，防止烧坏电机或发生其他意外事故。

(8) 变频器出厂前所有参数均设置好无须更改。

八、维护和保养

(1) 实验台应安装在环境清洁、干燥、无震动、无磁场干扰、无腐蚀气体、无动力源的实验室内，环境温度为－2～－30℃，相对湿度≤85％。

(2) 对没有发兰、喷漆的加工表面擦拭涂油，不用时应注意防止灰尘等侵入。

(3) 应定期检查各类减速器润滑油的分量和质量，及时更换、添加润滑油或更换混入杂质、变质的润滑油。

(4) 传感器本身是一台精密仪器，严禁手握轴头搬运(对小规格传感器尤其注意)，严禁在地上拖拉；安装联轴器时严禁用铁质榔头敲打。

(5) 磁粉制动器如长期不用，则应当存放在通风干燥处，存放一年以上的设备建议进行一次全面的保养；如长期工作，发现转矩下降到不能正常工作时，建议更换新磁粉。

(6) 实验台不工作时应切断电源。

九、思考题

1. 机械效率在生产实际中有什么意义？
2. 实验中，如何设计传动机构以达到要求的机械效率？
3. 如何提高机械效率？实验中机械效率的提高是什么原因？

第三章　机械设计基础实验报告

专业班级		学号		姓名	
组号		成绩		日期	

实验一　典型机构传动原理认知实验报告

一、实验目的

二、实验内容

三、简述对机械原理课程及学科特点的初步认识

四、思考题解答

五、通过参观学习写出得到的启示或体会

六、提出关于课程教学改革的新设想或新建议

专业班级		学号		姓名	
组号		成绩		日期	

实验二　机构运动简图测绘与分析实验报告

一、实验目的

二、实验内容

三、机构运动简图绘制

1 名称：	机构运动简图： $\mu_l=$ 自由度计算： $n=$　$P_l=$　$P_h=$	2 名称：	机构运动简图： $\mu_l=$ 自由度计算： $n=$　$P_l=$　$P_h=$
3 名称：	机构运动简图： $\mu_l=$ 自由度计算： $n=$　$P_l=$　$P_h=$	4 名称：	机构运动简图： $\mu_l=$ 自由度计算： $n=$　$P_l=$　$P_h=$
5 名称：	机构运动简图： $\mu_l=$ 自由度计算： $n=$　$P_l=$　$P_h=$	6 名称：	机构运动简图： $\mu_l=$ 自由度计算： $n=$　$P_l=$　$P_h=$

四、思考题解答

五、心得体会与建议

专业班级		学号		姓名	
组号		成绩		日期	

实验三　平面运动机构变异与创新实验报告

一、实验目的

二、实验内容

三、机构运动简图与时序图的绘制

<table>
<tr><td rowspan="5">机
构</td><td>机构名称</td></tr>
<tr><td>机构运动简图</td></tr>
<tr><td>运动时序图</td></tr>
<tr><td>自由度计算</td></tr>
<tr><td>分析与说明</td></tr>
</table>

四、思考题解答

五、心得体会与建议

专业班级		学号		姓名	
组号		成绩		日期	

实验四 机械运动参数测试与分析实验报告

一、实验内容

二、实验设备与测试原理简述

三、测试过程简述

四、测试数据及数据处理结果

解析法计算曲柄滑块机构各个位置的 s、v、a，与实验求得的 s、v、a 比较。

项目 / 相位	s(m)			v(m/s)			a(m/s²)		
	理论值	实测值	相对误差	理论值	实测值	相对误差	理论值	实测值	相对误差
0°									
30°									
60°									
90°									
120°									
150°									
180°									

五、思考题解答

六、心得体会与建议

专业班级		学号		姓名	
组号		成绩		日期	

实验五　渐开线齿轮范成原理实验报告

一、实验目的

二、实验原理

三、实验数据及处理

1. 原始数据

项目	齿条刀具				被切齿轮	
参数	m	α	h_a^*	c^*	d	z
数值						

2. 计算数据

序号	项目	计算公式	计算结果			实验结果比较	
			标准齿轮	正变位	负变位	正变位	负变位
1	最小变位系数	$\chi_{\min}=\frac{17-z}{17}$					
2	选定变位系数	χ					
3	分度圆半径	$r=\frac{zm}{2}$					
4	基圆半径	$r_b=r\cos\alpha$					
5	顶圆半径	$r_a=r+h_a$					
6	根圆半径	$r_f=r-h_f$					

续表

序号	项目	计算公式	计算结果			实验结果比较	
			标准齿轮	正变位	负变位	正变位	负变位
7	齿距	$p=\pi m$					
8	齿厚	$s=\frac{\pi m}{2}+2zm\mathrm{tg}\alpha$					
9	齿间距	$e=p-s$					
10	顶圆齿厚	$s_a=s\frac{r_a}{r}-2r_a(\mathrm{inv}\alpha_a-\mathrm{inv}\alpha)$					
11	基圆齿厚	$s_b=\cos\alpha(s+mz\mathrm{inv}\alpha)$					
12	齿顶高	$h_a=(h_a^*+\chi)m$					
13	齿根高	$h_f=(h_a^*+c^*-\chi)m$					
14	齿全高	$h=h_a+h_f$					

注：结果比较：以标准齿轮为准，大填＋、小填－、不变填 0。

四、附齿廓图(标准齿轮齿廓、变位齿轮齿廓，写上班级、学号、姓名)

五、思考题解答

六、心得体会和建议

专业班级		学号		姓名	
组号		成绩		日期	

实验六　渐开线直齿圆柱齿轮参数测量与分析实验报告

一、实验目的

二、被测齿轮的已知参数和测量数据

三、齿轮参数及尺寸计算

(1) 基节 $p_b = w_{k+1} - w_k$，并由 p_b 值查表 3-6，确定 m、α。

(2) 基圆齿厚 $s_b = kw_k - (k-1)w_{k+1}$。

(3) 变位系数：

$$\chi = \frac{\dfrac{s_b}{m\ \cos\alpha} - \dfrac{\pi}{2} - z\mathrm{inv}\alpha}{2\mathrm{tg}\alpha}$$

(4) 分度圆齿厚：

$$s = \left(\frac{\pi}{2} + 2x\mathrm{tg}\alpha\right)m$$

(5) 齿全高：

$$h' = \frac{d_a - d_f}{2}$$

(6) 齿顶高系数：

$$h_a^* = \frac{\left(\dfrac{h'}{m} - c^*\right)}{2}$$

分别按正常齿和短齿两种情况的 h_a^* 及 c^* 的值代入上式，确定 h_a^* 及 c^*。

(7) 实验测量记录和计算数据结果

序号	齿轮编号			No1			No2			计算公式
	项目		单位	测量数据			测量数据			
				1	2	3	1	2	3	
1	齿数 z			奇数			偶数			
2	跨齿数 n									
3	公法线长度	W_n	测量							
			平均							

续表

序号	齿轮编号			No1			No2			计算公式
	项目		单位	测量数据			测量数据			
				1	2	3	1	2	3	
4		W_{n+1}	测量							
			平均							
5	（标准齿轮）	W 标								
6	基圆周节 p_b									
7	模数 m									
8	压力角 α									
9	基圆齿厚 s_b									
10	变位系数 χ									
11	齿顶圆直径 d_a									
12	齿根圆直径 d_f									
13	孔径 d_k									
			平均							
14	H_1									
			平均							
15	H_2									
			平均							
16	齿顶高系数 h_a^*									
17	顶隙系数 c^*									
18	齿厚 B									
19	齿轮厚度									
			平均							
20	实际中心距 a''									
21	啮合角 α'									
22	计算中心距 a'									
23	中心距误差 $a''-a'$									

注：如果测量的齿轮≥2 个齿轮，参照上面表格设计一个满足要求的新表格。

四、试分析影响测量精度的因素

五、思考题解答

六、心得体会与建议

专业班级		学号		姓名	
组号		成绩		日期	

实验七　刚性转子动平衡实验报告

一、实验内容

二、刚性回转件的动平衡原理

三、动平衡机的结构与测试原理

四、实验数据

实验数据分别填入表 3-7-1～表 3-7-4。

表 3-7-1　记录 1

动平衡机型号					
平衡转速 n (r/min)	加重半径 R (mm)	测点相位(初始值)		校正面数值(初始值)	
		左	右	左	右

表 3-7-2　记录 2

试加重 Wj(平衡块，度)，要求记录不同的平衡块组合，测试 2～3 次/每组合	
左　面	右　面

表 3-7-3　记录 3(根据实际测试次数记录)

开机顺序 \ 项目		不平衡量 S_{ij}(克，度)	
		1 测点(左)	2 测点(右)
1	初始量		
2	1＃面加重		
3	2＃面加重		

表 3-7-4 实验结果数据记录

平衡转速 n_b	r/min	A轴承 Ⅰ平面		B轴承 Ⅱ平面	
		值	相位	值	相位
原始振动			deg		deg
Ⅰ平面试重 Q_1		克	deg		
不平衡量 1			deg		deg
Ⅱ平面试重 Q_2				克	deg
不平衡量 2		μ_m	deg	μ_m	deg
校正量 $m \leqslant 0.03$ 克，m_L 与 m_R		克	deg	克	deg
实际加重质量 m_1，m_2		克	deg	克	deg
平衡后振动			deg		deg
* 平衡率 η_A，η_B		%		%	

五、实验方法与结果讨论

六、思考题解答

七、心得体会与建议

专业班级		学号		姓名	
组号		成绩		日期	

实验八　典型机械结构与零件的认知实验报告

一、实验目的

二、实验装置简介

三、思考题解答

四、心得体会与建议

专业班级		学号		姓名	
组号		成绩		日期	

实验九　螺栓组及单螺栓连接综合实验报告

一、实验目的与要求

二、实验内容

三、实验原理

四、实验数据与处理结果汇总表

1. 螺栓组试验

试验数据分别填入表 3-9-1～表 3-9-3。

表 3-9-1　计算法测定螺栓上的力

项目 \ 螺栓号数	1	2	3	4	5	6	7	8	9	10
螺栓预紧力 Q_0										
螺栓预紧应变量 $\varepsilon_0 \times 10^{-6}$										
螺栓工作拉力 $F_1(F_2)$										

表 3-9-2 实验法测定螺栓上的力

项目 \ 螺栓号数		1	2	3	4	5	6	7	8	9	10
螺栓总应变量 ε_i	第一次测量										
	第二次测量										
	第三次测量										
	平均数										
由换算得到的工作拉力 F_i											

表 3-9-3 误差分析

项目 \ 序号		1	2	3	4	5	6	7	8	9	10
实验误差分析	螺栓总拉力 $\Delta F\%$										
	协调变形 $\Delta\mu\varepsilon\%$										

绘制实测螺栓应力分布图(坐标图见图 3-9-1)：

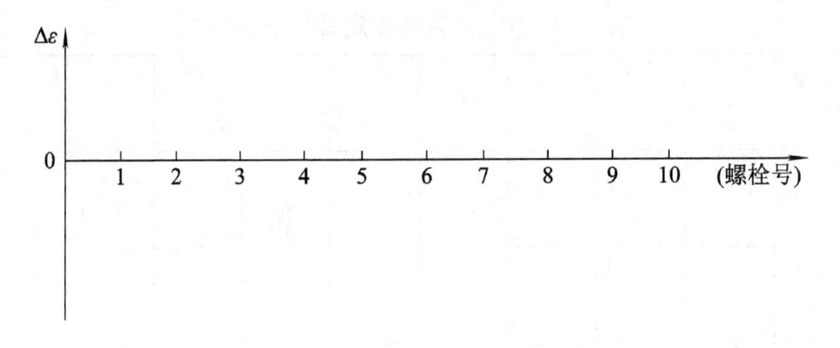

图 3-9-1 应力分布图坐标

2. 单个螺栓实验

单个螺栓实验数据填入表 3-9-4 和表 3-9-5 中。

ε_1 =　　　　　　ε(吊耳) =

表 3-9-4　单螺栓

垫片材料	钢片	环氧片
ε_e		
相对刚度 C_e		

单个螺栓动载荷试验:

表 3-9-5　单螺栓动载荷

垫片材料		钢片	环氧片
ε_1			
动载荷幅值 (mV)	示波器		
	毫伏表		
螺栓应力幅值 (mV)	示波器		
	毫伏表		

五、实验计算过程

六、实验方法与结果讨论

七、思考题解答

八、心得体会与建议

专业班级		学号		姓名	
组号		成绩		日期	

实验十　带传动特性测试与分析实验报告

一、实验目的

二、实验内容与要求

三、实验台结构与实验原理

四、实验数据记录及计算结果

实验数据和计算结果分别填入表 3-10-1～表 3-10-3。

表 3-10-1　F_0=0.5～1 kg

项目 序号	n_1	n_2	T_1	T_2	η(%)	ε(%)
1						
2						
3						
4						
5						
6						
7						
8						

表 3-10-2　F_0=　　kg(任选)

项目 序号	n_1	n_2	T_1	T_2	η(%)	ε(%)
1						
2						
3						
4						
5						
6						
7						
8						

表 3-10-3 工作状态分析

	产生的原因	对传动的影响
弹性滑动		
打滑		

五、用坐标纸绘制滑动率曲线 $\varepsilon-P_2$ 和效率曲线 $\eta-P_2$

六、思考题解答

七、心得体会与建议

专业班级		学号		姓名	
组号		成绩		日期	

实验十一　液体动压轴承实验报告

一、实验目的与要求

二、系统的机构组成与实验原理

三、测试数据及数据处理结果

（1）根据轴承油膜压力径向分布记录，绘制液体动压轴承油膜径向压力分布与承载量曲线。测试数据填入表 3-11-1。

表 3-11-1　轴承油膜压力径向分布数据

加载压力 P (N/mm^2)	轴转速 n (r/min)	显示读数(N/mm^2)						
		P_1	P_2	P_3	P_4	P_5	P_6	P_7

绘制实验轴承的油膜径向压力分布图时，要求图中画出轴和轴瓦、轴和轴瓦的中心位置；载荷 F 的作用方向和位置；h_{min} 位置；偏位角 ϕ 等。可参考教材图 2-11-9。（请另附页）

（2）根据滑动轴承的摩擦特性实验测得的数据，绘制滑动轴承的摩擦特性曲线。实验数据填入表 3-11-2，绘制曲线请另附页。

表 3-11-2　实验数据

序号	载荷	转速	摩擦力矩
1 ⋮ n			

四、实验计算过程

五、实验方法与结果讨论

六、思考题解答

七、心得体会与建议

专业班级		学号		姓名	
组号		成绩		日期	

实验十二　组合式轴承装置设计及轴系结构分析实验报告

一、实验目的

二、实验内容与要求

1. 组合式轴承装置设计

(1) 选择实验题号(如 A1、B2、C1 等)：

(2) 轴承装置的组合设计的已知条件：

2. 轴系结构分析

(1) 实验题目：

(2) 设计方案及说明：

三、实验设备(可附照片)

四、实验步骤(安装完成图附照片)

五、实验结果

1. 轴系结构装配图

绘图时，请附 3 号或 4 号装配关系图。

2. 轴系结构设计说明

说明轴上零件的定位和固定，滚动轴承的安装、调整、润滑与密封方法。

(1) 根据齿轮类型选择滚动轴承型号、轴承类别、选择依据；

(2) 确定支承轴向固定方式(两端固定或一端固定、一端游动)；

(3) 轴系结构分析，组成零件及功能请填入表 3-12-1。

表 3-12-1　组成零件及功能

序号	零件名称	数量	功能	备注
1				
2				
3				
4 ⋮ n				

六、实验方法与结果讨论

七、思考题解答

八、心得体会与建议

专业班级		学号		姓名	
组号		成绩		日期	

实验十三　减速器拆装及轴系结构分析实验报告

一、实验目的

二、实验内容

三、实验原理与方法

四、测试数据记录

1. 减速器的主要参数记录

主要参数填入表 3-13-1。

表 3-13-1　减速器的主要参数

<table>
<tr><td colspan="2">减速器名称</td><td colspan="7"></td></tr>
<tr><td rowspan="4">齿数及旋向</td><td>z_1</td><td colspan="3"></td><td rowspan="3">中心距</td><td>A_1</td><td colspan="2"></td></tr>
<tr><td>z_2</td><td colspan="3"></td><td>A_2</td><td colspan="2"></td></tr>
<tr><td>z_3</td><td colspan="3"></td><td>A_3</td><td colspan="2"></td></tr>
<tr><td>z_4</td><td colspan="3"></td><td colspan="4">轴承代号及数量</td></tr>
<tr><td rowspan="3">传动比</td><td>i_1</td><td colspan="2"></td><td colspan="3"></td><td></td></tr>
<tr><td>i_2</td><td colspan="2"></td><td colspan="3"></td><td></td></tr>
<tr><td>i_3</td><td colspan="2"></td><td colspan="3"></td><td></td></tr>
<tr><td rowspan="2">润滑方式</td><td colspan="2">齿轮、蜗杆、蜗轮</td><td colspan="6"></td></tr>
<tr><td colspan="2">轴 承</td><td colspan="6"></td></tr>
<tr><td rowspan="2">密封方式</td><td colspan="2">有相对运动的部位</td><td colspan="6"></td></tr>
<tr><td colspan="2">无相对运动的部位</td><td colspan="6"></td></tr>
</table>

2. 测量机体结构尺寸

测量机体结构尺寸并填入表 3-13-2。

表 3-13-2　测量机体结构尺寸(mm)

<table>
<tr><td rowspan="2">部位</td><td rowspan="2">壁厚</td><td rowspan="2">筋厚</td><td colspan="2">机体连接凸缘</td><td colspan="2">视孔盖</td></tr>
<tr><td>厚度</td><td>宽度</td><td>长度</td><td>宽度</td></tr>
<tr><td>机座</td><td></td><td></td><td></td><td></td><td></td><td></td></tr>
<tr><td>机盖</td><td></td><td></td><td></td><td></td><td></td><td></td></tr>
<tr><td colspan="4">大齿轮顶圆至</td><td colspan="3">齿轮端面至机体内壁距离</td></tr>
<tr><td colspan="2">机座内底面距离</td><td colspan="2">机盖内壁距离</td><td colspan="3" rowspan="2"></td></tr>
<tr><td colspan="2"></td><td colspan="2"></td></tr>
</table>

3. 列出减速器附件的名称、作用、位置和结构特点

减速器附件的名称、作用、位置和结构特点填入表 3-13-3。

表 3-13-3　减速器附件的名称、作用、位置和结构特点

序号	名称	作用、位置和结构特点
1		
2		
3		
4		
5		
6		
7		
8		
9		
10		
11		
12		

五、绘制减速器传动示意图

示意图中应标出轴的中心距、高速轴、低速轴、齿轮的齿数、蜗轮与蜗杆代号及旋向、轴承的代号及安装等内容。

六、绘制一根轴及其轴承部件的结构草图

七、思考题解答

八、心得体会与建议

专业班级		学号		姓名	
组号		成绩		日期	

实验十四　机械传动性能综合实验报告

一、实验目的

二、实验内容

三、实验原理与方法

四、实验数据记录及分析

实验数据记录及分析分别填入表 3－14－1～表 3－14－3。

表 3－14－1　实验数据记录

序号	N_1	M_1	N_2	M_2	K_1	K_2	η	I
1								
2								
3								
4								
5								
6								
7								
8								

表 3-14-2　计算值记录

序号	输入功率	输出功率	效率	速比	扭矩比
1					
2					
3					
4					
5					
6					
7					
8					

表 3-14-3　实验数据处理与分析

序号	输入扭矩	输入功率	输出功率	无用功率	机械效率	速比	扭矩比
1							
2							
3							
4							
5							
6							
7							
8							

五、实验结果分析(绘图)

六、实验小结

（对所做的试验，从结构和原理上进行简要阐述及分析）

七、思考题解答

八、心得体会与建议

附录一　直齿圆柱齿轮相关参数

附表1　直齿圆柱标准齿轮的跨齿数和公法线长度(用于 $m=1$ mm, $a=20°$)

齿数	跨齿数	公法线长度	齿数	跨齿数	公法线长度	齿数	跨齿数	公法线长度	齿数	跨齿数	公法线长度
4	2	4.4842	54	7	19.9452	103	12	35.3921	152	17	50.8390
5	2	4.4982	55	7	19.9592	104	12	35.4061			
6	2	4.5122	56	7	19.9732	105	12	35.4201	153	18	53.8051
7	2	4.5262	57	7	19.9872	106	12	35.4341	154	18	53.8192
8	2	4.5402	58	7	20.0012	107	12	35.4481	155	18	53.8332
9	2	4.5542	59	7	20.0152				156	18	53.8472
10	2	4.5683	60	7	20.0292	108	13	38.4142	157	18	53.8612
11	2	4.5823	61	7	20.0432	109	13	38.4282	158	18	53.8752
12	2	4.5963	62	7	20.0572	110	13	38.4423	159	18	53.8892
13	2	4.6103				111	13	38.4563	160	18	53.9032
14	2	4.6243	63	8	23.0233	112	13	38.4703	161	18	53.9172
15	2	4.6383	64	8	23.0373	113	13	38.4843			
16	2	4.6523	65	8	23.0513	114	13	38.4983	162	19	56.8833
17	2	4.6663	66	8	23.0654	115	13	38.5123	163	19	56.8973
			67	8	23.0794	116	13	38.5263	164	19	56.9113
18	3	7.6324	68	8	23.0934				165	19	56.9253
19	3	7.6464	69	8	23.1074	117	14	41.4924	166	19	56.9394
20	3	7.6604	70	8	23.1214	118	14	41.5064	167	19	56.9534
21	3	7.6744	71	8	23.1354	119	14	41.5204	168	19	56.9674
22	3	7.6885				120	14	41.5344	169	19	56.9814
23	3	7.7025	72	9	26.1015	121	14	41.5484	170	19	56.9954
24	3	7.7165	73	9	26.1155	122	14	41.5625			
25	3	7.7305	74	9	26.1295	123	14	41.5765	171	20	59.9615
26	3	7.7445	75	9	26.1435	124	14	41.5905	172	20	59.9755
			76	9	26.1575	125	14	41.6045	173	20	59.9895
27	4	10.7106	77	9	26.1715				174	20	60.0035
28	4	10.7246	78	9	26.1855	126	15	44.5706	175	20	60.0175
29	4	10.7386	79	9	26.1996	127	15	44.5846	176	20	60.0315
30	4	10.7526	80	9	26.2136	128	15	44.5986	177	20	60.0455
31	4	10.7666				129	15	44.6126	178	20	60.0595
32	4	10.7806	81	10	29.1797	130	15	44.6266	179	20	60.0736
33	4	10.7946	82	10	29.1937	131	15	44.6406			
34	4	10.8086	83	10	29.2077	132	15	44.6546	180	21	63.0397
35	4	10.8227	84	10	29.2217	133	15	44.6686	181	21	63.0537
			85	10	29.2357	134	15	44.6826	182	21	63.0677
36	5	13.7888	86	10	29.2457				183	21	63.0817
37	5	13.8028	87	10	29.2637	135	16	47.6488	184	21	63.0957
38	5	13.8168	88	10	29.2777	136	16	47.6528	185	21	63.1097
39	5	13.8308	89	10	29.2917	137	16	47.6768	186	21	63.1237
40	5	13.8448				138	16	47.6908	187	21	63.1377
41	5	13.8588	90	11	32.2579	139	16	47.7048	188	21	63.1517
42	5	13.8728	91	11	32.2719	140	16	47.7188			
43	5	13.8868	92	11	32.2859	141	16	47.7328	189	22	66.1179
44	5	13.9008	93	11	32.2999	142	16	47.7468	190	22	66.1319
			94	11	32.3139	143	16	47.7608	191	22	60.1459
45	6	16.8670	95	11	32.3279				192	22	66.1599
46	6	16.8810	96	11	32.3419	144	17	50.7270	193	22	66.1739
47	6	16.8950	97	11	32.3559	145	17	50.7410	194	22	66.1879
48	6	16.9090	98	11	32.3699	146	17	50.7550	195	22	66.2019
49	6	16.9230				147	17	50.7690	196	22	66.2159
50	6	16.9370	99	12	35.3361	148	17	50.7830	197	22	66.2299
51	6	16.9510	100	12	35.3501	149	17	50.7970			
52	6	16.9650	101	12	35.3641	150	17	50.8110	198	23	69.1261
53	6	16.9790	102	12	35.3781	151	17	50.8250	199	23	69.2101
									200	23	69.2241

附表 2　基圆齿距表：$p_b = \pi m \cos\alpha$

模数 m	基节 p_b	α							
		30°	27°	25°	$22\left(\frac{1}{2}\right)^\circ$	20°	$17\left(\frac{1}{2}\right)^\circ$	15°	$14\left(\frac{1}{2}\right)^\circ$
0.25		0.680	0.700	0.712	0.726	0.738	0.749	0.759	0.760
0.3		0.816	0.840	0.854	0.871	0.886	0.899	0.910	0.912
0.35		0.952	0.980	0.996	1.016	1.033	0.049	1.062	1.064
0.4		1.088	1.120	1.139	1.161	1.181	1.199	1.214	1.217
0.45		1.244	1.260	1.281	1.306	1.328	1.348	1.365	1.369
0.5		1.360	1.400	1.424	1.451	1.476	1.498	1.517	1.521
0.55		1.496	1.539	1.566	1.596	1.624	1.648	1.069	1.673
0.6		1.632	1.680	1.708	1.741	1.771	1.798	1.821	1.825
0.65		1.768	1.819	1.851	7.887	1.919	1.947	1.972	1.977
0.7		1.904	1.960	1.993	2.032	2.060	2.097	2.214	2.129
0.75		2.040	2.099	2.135	2.177	2.214	2.247	2.276	2.281
0.8		2.176	2.239	2.278	2.322	2.362	2.397	2.426	2.433
0.8466	30	2.356	2.424	2.562	2.458	2.500	2.538	2.570	2.576
0.9		2.449	2.519	2.583	2.612	2.657	2.607	2.731	2.737
0.9071	28	2.468	2.539	2.466	2.633	2.678	2.717	2.753	2.759
0.9769	26	2.658	2.734	2.781	2.836	2.884	2.927	2.965	2.972
1		2.721	2.799	2.847	2.902	2.952	2.996	3.034	3.041
1.0583	24	2.879	2.962	3.013	3.071	3.124	3.170	3.212	3.218
1.1545	22	3.141	3.232	3.287	3.352	3.408	3.461	3.504	3.513
1.25		3.401	3.499	3.559	3.628	3.690	3.745	3.793	3.817
1.270	20	3.455	3.555	3.616	3.686	3.749	3.805	3.854	3.863
1.4111	18	3.839	3.950	4.018	4.095	4.166	4.228	4.282	4.292
1.5		4.081	4.199	4.271	4.354	4.428	4.494	4.552	4.562
1.5875	16	4.319	4.444	4.520	4.609	4.687	4.758	4.817	4.830
1.75		4.761	4.896	4.983	5.079	5.166	5.243	5.310	5.323
1.8143	14	4.936	5.078	5.166	5.265	5.356	5.435	5.505	5.517
2		5.441	5.598	5.694	5.805	5.904	5.992	6.069	6.080
2.1167	12	5.759	5.928	6.027	6.144	6.249	6.343	6.423	6.439
2.25		6.121	6.298	6.406	6.530	6.642	6.741	6.828	6.843
2.3091	11	6.282	6.464	6.575	6.702	6.817	6.918	7.007	7.023
2.5		6.801	6.998	7.118	7.256	7.380	7.490	7.586	7.504
2.540	10	6.910	7.110	7.232	7.312	7.498	7.610	7.708	7.725
2.75		7.482	7.698	7.830	7.982	8.118	8.239	8.345	8.364
2.8222	9	7.678	7.900	8.035	8.191	8.332	8.455	8.564	8.583
3		8.162	8.397	8.542	8.707	8.856	8.989	9.104	9.125
3.175	8	8.638	8.887	9.040	9.215	9.373	9.513	9.635	9.657
3.25		8.842	9.097	9.253	9.433	9.594	9.738	9.862	9.885
3.5		9.522	9.797	9.965	10.159	10.332	10.487	10.621	10.645

续表

模数 m	基节 p_b	α							
		30°	27°	25°	$22\left(\frac{1}{2}\right)°$	20°	$17\left(\frac{1}{2}\right)°$	15°	$14\left(\frac{1}{2}\right)°$
3.6286	7	9.872	10.157	10.332	10.553	10.712	10.873	11.011	11.038
3.75		10.202	10.497	10.677	10.884	11.070	11.236	11.379	11.406
4		10.883	11.197	11.389	11.610	11.809	11.986	12.136	12.166
4.2333	6	11.517	11.850	12.053	12.286	12.497	12.683	12.846	12.875
4.5		12.243	12.596	12.813	13.061	13.285	13.483	13.635	13.687
5		13.603	13.996	14.236	14.512	14.761	14.981	15.173	15.208
5.080	5	13.821	14.220	14.464	14.744	14.997	15.221	15.415	15.451
5.5		14.964	15.395	15.660	15.963	16.237	16.479	16.690	16.728
5.6444	4.5	15.085	15.800	16.071	16.381	16.663	16.910	17.128	17.166
6		16.324	16.795	17.083	17.415	17.713	17.977	18.207	18.249
6.350	4	17.276	17.775	18.080	18.431	18.746	19.026	19.269	19.314
6.5		17.684	18.195	18.507	18.866	19.189	19.475	19.724	19.770
7		19.045	19.594	19.931	20.317	20.665	20.973	21.242	21.291
7.2571	3.5	19.744	20.314	20.663	21.063	21.24	21.743	22.022	22.072
8		21.766	22.393	22.778	23.220	23.617	23.969	24.276	24.332
8.4667	3	23.035	23.700	24.107	24.595	24.995	25.369	25.693	25.753
9		24.486	25.193	25.625	26.122	26.569	26.966	27.311	27.374
9.2364	$2\left(\frac{3}{4}\right)$	25.129	25.854	26.298	26.807	27.267	26.673	28.028	28.092
10		27.207	27.992	28.472	29.024	29.521	29.962	30.345	30.415
10.160	2.5	27.642	28.440	28.928	29.489	29.994	30.441	30.831	30.902
11		29.928	30.791	31.320	31.927	32.473	32.958	33.380	33.457
11.2889	$2\left(\frac{1}{4}\right)$	30.714	31.600	32.142	92.766	33.326	33.824	34.257	34.336
12		32.648	33.590	34.567	34.829	35.426	35.954	36.414	36.498
12.700	2	34.553	35.549	36.160	36.861	37.492	38.052	38.539	38.627
13		35.359	36.389	37.014	37.732	38.378	38.950	39.449	39.540
14		38.090	39.188	39.861	40.634	41.330	41.947	42.484	42.581
14.5143	$1\left(\frac{3}{4}\right)$	39.489	40.628	41.326	42.125	42.848	43.487	44.044	44.145
15		40.810	41.988	42.709	43.537	44.282	44.943	45.818	44.623
16		43.531	44.787	45.556	46.439	47.234	47.939	48.553	48.665
16.9333	1.5	46.070	47.399	48.213	49.147	49.989	50.734	51.385	51.562
18		48.972	50.385	51.250	52.244	53.138	53.931	54.622	54.748
20		54.414	55.983	56.945	58.049	59.043	59.924	60.691	60.831
20.320	$1\left(\frac{1}{4}\right)$	55.284	56.879	57.856	58.978	59.987	60.883	61.662	61.804
22		59.855	61.582	62.639	63.854	64.947	65.916	66.760	66.914
25		68.017	69.979	71.181	72.561	73.803	74.905	75.864	76.038
25.4	1	69.106	71.099	72.320	73.722	74.984	76.103	77.077	77.255

附录二　变频控制器及变频电机运行操作方法

一、变频器控制方式设置

(一) 手动(面板)控制模式

(1) 接通变频器电源，按下实验台控制操作面板上总电源及电机电源开关按钮，接通变频器电源，变频器显示“0”。

(2) 频率输入通道选择——面板电位器控制。

控制字：b－1　0

按 MODE 键，直至变频器显示“b－　0”；

按 SHIFT 及 △ 键修改变频器显示“b－　1”；

按 ENTER 键确认，按 △（或 ▽)键至变频器显示“0”；

按 ENTER 键确认。

(3) 运行命令输入通道——面板方式。

控制字：b－2 0

按 MODE 键，直至变频器显示“b－　0”；

按 SHIFT 及 △ 键修改变频器显示“b－　2”；

按 ENTER 键确认，按 △（或 ▽)键至变频器显示“0”；

按 ENTER 键确认。

(4) 复位。

按两次 MODE 键，变频器复位，显示“0”，进入手动(面板)控制模式待机状态。

(二) 自动(外部)控制模式

(1) 接通变频器电源，按下实验台控制操作面板上总电源及电机电源开关按钮，接通变频器电源，变频器显示“0”。

(2) 频率输入通道选择——外部电压信号控制。

控制字：b—1　2

按 MODE 键，直至变频器显示“b－　0”；

按 SHIFT 及 △ 键修改变频器显示“b－　1”；

按 ENTER 键确认，按 △（或 ▽)键至变频器显示“2”；

按 ENTER 键确认。

(3) 运行命令输入通道——外部方式。

控制字：b－2　1

按 MODE 键，直至变频器显示“b－　0”；

按 SHIFT 及 △ 键修改变频器显示“b－　2”；

按 ENTER 键确认，按 △（或 ▽)键至变频器显示“1”；

按 ENTER 键确认。

(4) 复位。

按两次 MODE 键，变频器复位，显示“0”，变频器进入自动(外部)控制模式待机状态。

注：变频器对控制模式具有记忆功能，断电重启后默认前次设置的控制模式，所以若要改变控制模式，必须重新设置控制字。

二、电机运行操作步骤

(一) 手动控制方式

(1) 接通电源，变频器显示“0”；

(2) 将变频器设置为手动控制模式；

(3) 将面板电位器旋钮逆时针旋转到底，频率设定为 0；

(4) 按 FWD 键启动变频器，显示“0.0”；

(5) 顺时针缓缓旋转面板电位器旋钮，变频器的输出频率由 0.0 Hz 开始增加，电机开始运转；

(6) 观察电机的运行是否正常，若有异常立即停止运行，断电，查清原因后再运行；

(7) 将面板电位器顺时针旋转到底，则变频器的输出频率为 50.00 Hz，电机按 50.00 Hz 频率运转；

(8) 按 STOP RESET 键停止运行；

(9) 切断电源开关。

(二) 自动控制方式

(1) 接通电源，变频器显示“0”；

(2) 将变频器设置为自动控制模式；

(3) 由计算机自动控制变频电机运转；

(4) 按 STOP RESET 键可停止运行；

(5) 切断电源开关。

注：以上操作方法参见随实验台附带的“变频器操作手册”(P22～P24)。

附录三 JCZS-Ⅱ机械传动性能综合实验台组件清单

JCZS-Ⅱ机械传动性能综合实验台组件清单(单位：件/套)见表附3-1。

表附3-1 实验台组件清单

序号	名称	型号及规格	数量	备注
1	实验台底柜	4门控制柜及安装平台	1	
2	变频电机	YP-50-055-4	1	
3	变频器	CVF-S1-2S0007B	1	
4	转矩转速传感器	JN338A-50A	1	
5	转矩转速传感器	JN338A-10A	1	
6	磁粉制动器	DZF-5	1	
7	蜗轮减速器	FCA-50	1	
8	摆线针轮减速器	WB100-W	1	
9	圆柱齿轮减速器		1	
10	电机底座		1	
11	摆线针轮减速器底座		1	
12	输入传感器底座		1	
13	磁粉制动器底座		1	
14	蜗轮蜗杆减速器底座		1	
15	轴承座长支承		1	
16	轴承座短支承		2	
17	轴承座		3	含轴承
18	轴承盖		6	
19	轴16		1	
20	轴20		1	
21	轴16X20		1	
22	小联轴器	孔径：$\phi12$、$\phi14$、$\phi16$、$\phi17$、$\phi18$、$\phi19$、$\phi20$	共12个	$\phi12$、$\phi14$、$\phi17$、$\phi19$各1个；$\phi16$、$\phi20$各2个；$\phi18$ 4个
23	弹性联轴器小柱销		24	
24	大弹性联轴器		2	
25	弹性联轴器大柱销		4	
26	轴端挡圈		4	

续表

序号	名 称	型 号 及 规 格	数量	备 注
27	17 牙链轮 1	$z=17$　$t=12.7$　中孔 16	1	无凸台
28	25 牙链轮 3	$z=25$　$t=12.7$　中孔 20	1	无凸台
29	ϕ86 平带轮 1	ϕ86　中孔 16	1	无凸台
30	ϕ112 平皮带轮 3	ϕ112　中孔 20	1	无凸台
31	ϕ80 三角带轮 1	ϕ80　中孔 16	1	无凸台
32	ϕ120 三角带轮 3	ϕ120　中孔 20	1	无凸台
33	同步圆弧齿型小带轮	P40-5M-12-AF　中孔 16	1	无凸台
34	同步圆弧齿型小带轮	P62-5M-12-C　中孔 20	1	无凸台
35	三角带 O 型-900	带长 900 mm　中心距 305	1	
36	三角带 O 型-1120	带长 1120 mm　中心距 415	1	
37	平皮带 带宽 13 mm、厚 2 mm	带长 900 mm　中心距 292	1	
38	平皮带 带宽 13 mm、厚 2 mm	带长 1100 mm　中心距 394	1	
39	同步带 节距 5 mm、带宽 14 mm	带长 840 mm　中心距 292	1	
40	同步带 节距 5 mm、带宽 14 mm	带长 1050 mm　中心距 397	1	
41	滚子链 08A-1X68	$d=7.95$　68 节　中心距 298	1	
42	滚子链 08A-1X84	$d=7.95$　84 节　中心距 400	1	
43	大节距滚子链 208A-1X42	42 节	1	
44	标准件	螺栓、螺钉等	若干	

附录四　轴承装置与轴系结构参考例图

实验中，可以参考例图进行轴承装置设计，但更希望以实例为基础，设计出更具创新意义的结构装置，并可在自己设计的装置基础上进行轴系结构分析。

1. 小锥齿轮轴系(一)

这种轴系结构使用了两个圆锥滚子轴承作为轴的支承(如图附 4－1 所示)，轴承安装形式是背对背安装。优点：① 结构刚性大；② 允许轴的热胀量大；③ 结构简单；④ 用轴上右端的螺母调整轴向间隙，调整方便。这种轴系结构常用接触式密封，使用无外壳、无防尘圈的皮碗密封。轴承在用油或脂润滑时，密封唇必须朝向要密封的介质，并且必须冷却，以防高热运行。不能与溅油环等串联。在高于大气压力时，皮碗与轴接触处的圆周速度约 8 m/s。这种轴系结构一般在低转速下使用，可以承受轻型载荷。

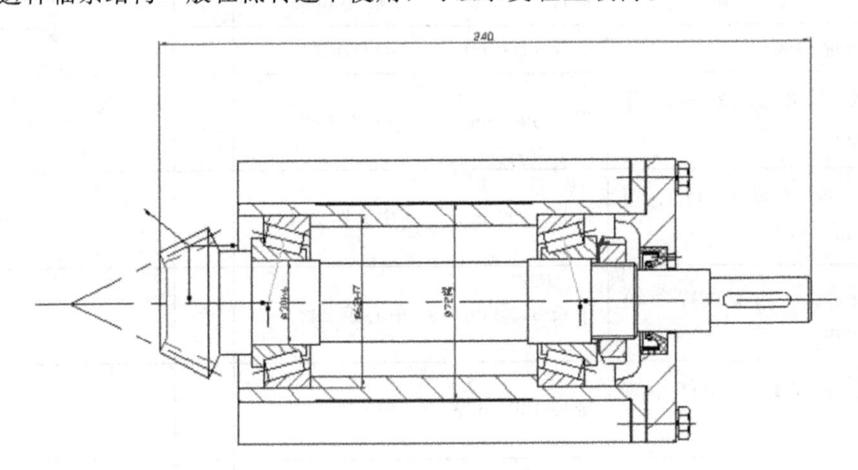

图附 4－1　小锥齿轮轴系(一)

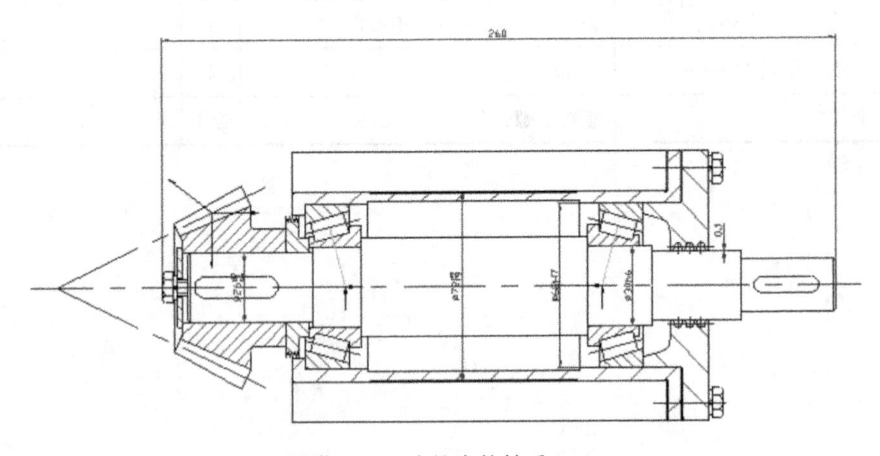

图附 4－2　小锥齿轮轴系(二)

2. 小锥齿轮轴系(二)

这种轴系结构使用了两个圆锥滚子轴承作为轴的支承(如图附 4－2 所示)，轴承安装形式是脸对脸安装。优点：① 轴向力由受径向力小的右端轴承承受；② 结构简单；③ 用轴承盖与套筒间的垫片调整轴向间隙，调整方便；④ 可以在高转速下使用，用于工作环境比较清洁的地方；⑤ 箱体发热少，无磨损。这种轴系结构常用非接触的圈形间隙式密封，采用平行沟槽，沟槽数一般在 3 个以上，使用时沟槽内应注满润滑脂，但要注意使润滑脂的熔化温度高于轴承工作温度，这种轴系结构可以在高转速下使用，可以承受中型载荷。

3. 小斜齿轮轴系(一)

这种轴系结构使用了两个圆锥滚子轴承作为轴的支承(如图附 4-3 所示)，轴承安装形式是脸对脸安装，优点：① 结构简单；② 用轴承端盖与箱体间的垫片调整轴向间隙，调整方便。这种轴系结构使用接触式密封，采用无外壳无防尘圈的皮碗密封。轴承在用脂润滑时，密封唇必须朝向要密封的介质，以防止灰尘进入，并且必须冷却，以防高热运行。不能与溅油环等串联。皮碗与轴接触处的圆周速度小于 6～7 m/s。这种轴系结构一般在低、中转速下使用，可以承受中型载荷。

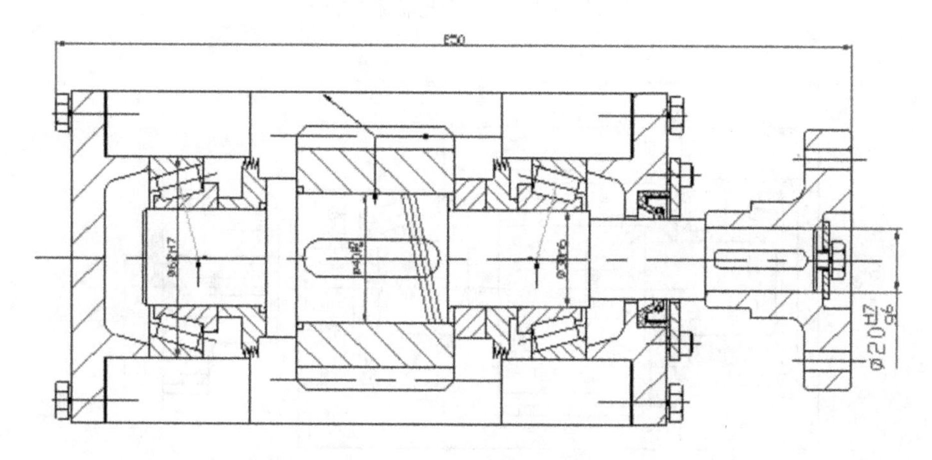

图附 4-3　小斜齿轮轴系(一)

4. 小斜齿轮轴系(二)

这种轴系结构使用了两个圆锥滚子轴承作为轴的支承(如图附 4-4 所示)，轴承安装形式是脸对脸安装，优点：① 结构简单；② 用轴承端盖与箱体间的垫片调整轴向间隙，调整方便。这种轴系结构使用接触式密封，采用无外壳双唇皮碗密封。这种密封材料既可防尘又可防漏。轴承在用油或脂润滑时，密封唇必须朝向要密封的介质，并且必须冷却，以防高热运行。不能与溅油环等串联。皮碗与轴接触处的圆周速度小于 6～7 m/s。这种轴系结构一般在低、中转速下使用，可以承受中型载荷。

5. 小斜齿轮轴系(三)

这种轴系结构使用了两个圆锥滚子轴承作为轴的支承(如图附 4-5 所示)，轴承安装形式是脸对脸安装，优点：① 结构简单；② 用轴承嵌盖与轴承间的垫片调整轴向间隙。这种轴系结构使用非接触的间隙式密封，采用平行沟槽，沟槽数一般在 3 个以上，使用时沟槽内应注满润滑脂，但要注意使润滑脂的熔化温度高于轴承工作温度，这种润滑的优点：① 可以在高转速下使用，工作在环境比较清洁的地方，② 箱体发热少，无磨损。这种轴系结构可以在高转速下使用，可以承受中型载荷。

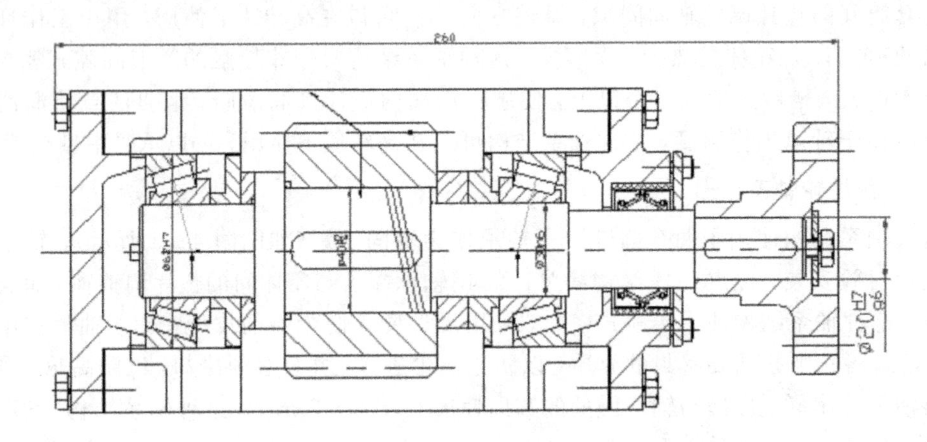

图附 4-4　小斜齿轮轴系(二)

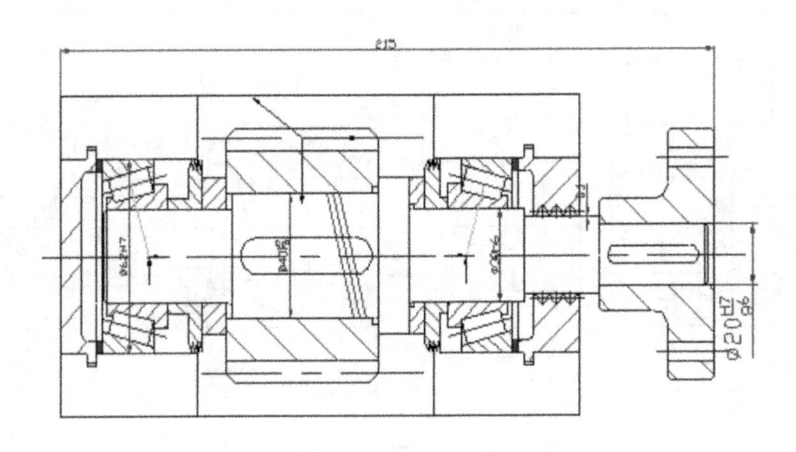

图附 4-5　小斜齿轮轴系(三)

6. 小斜齿轮轴系(四)

这种轴系结构使用了两个角接触轴承作为轴的支承(如图附 4-6 所示)，轴承安装形式是背对背安装。优点：① 结构简单；② 用轴承端盖与箱体间的垫片调整轴向间隙，调整方便。这种轴系结构使用接触式密封，采用无外壳、有防尘圈的皮碗，这种密封材料既可防尘又可防漏。轴承在用油或脂润滑时，密封唇必须朝向要密封的介质，并且必须冷却，防止高热运行。不能与溅油环等串联。在高于大气压力时，皮碗与轴接触处的圆周速度约为 8 m/s。这种轴系结构一般在低、中转速下使用，可以承受轻型载荷。

7. 小直齿轮轴系

这种轴系结构使用了两个深沟球轴承作为轴的支承(如图附 4-7 所示)，优点：① 结构简单，加工及安装均方便；② 用轴承嵌盖与轴承间的垫片调整轴向间隙。这种轴系结构常用接触式密封，使用毡圈密封，结构简单，使用较普遍，主要用于脂润滑、工作环境比较清洁的地方。一般毡圈与轴接触处的圆周速度不应大于 4～5 m/s，如果轴经抛光，毡圈质量好，圆周速度可允许到 7～8 m/s。这种轴系结构一般在低、中转速下使用，可以承受轻型载荷。

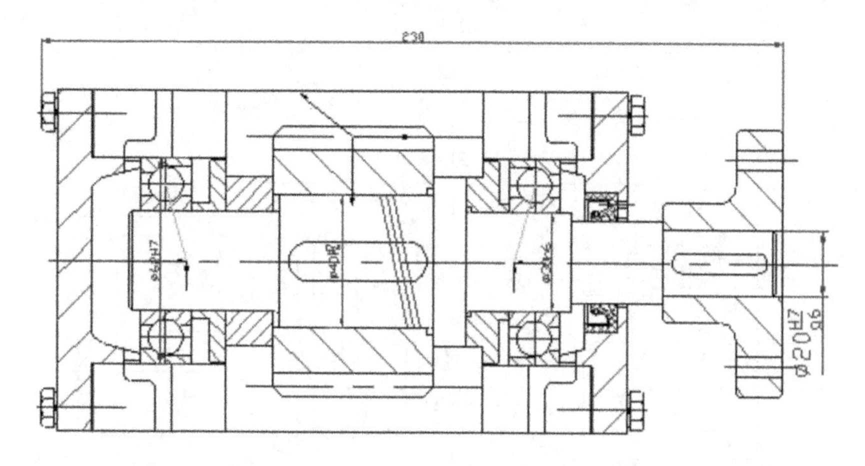

图附 4－6　小斜齿轮轴系(四)

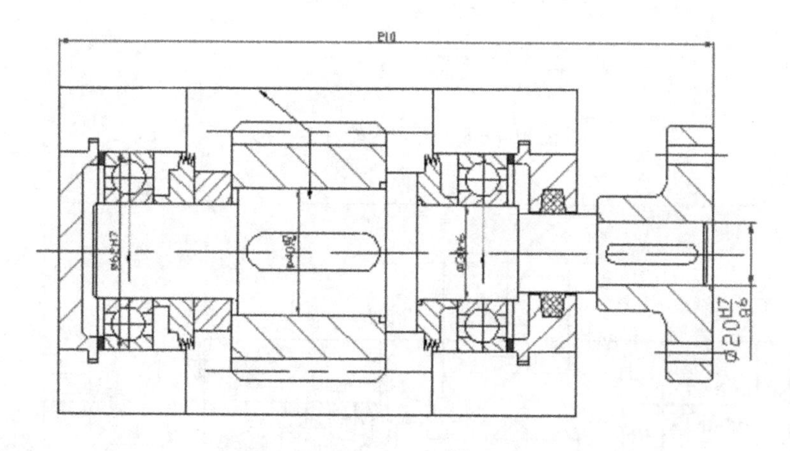

图附 4－7　小直齿轮轴系

8. 大直齿轮轴系(一)

这种轴系结构使用了两个深沟球轴承作为轴的支承(如图附 4－8 所示)，优点：① 结构简单，加工及安装均方便；② 用轴承嵌盖与轴承间的垫片调整轴向间隙。这种轴系结构常用接触式密封，使用毡圈密封，结构简单，使用较普遍，主要用于脂润滑、工作环境比较清洁的地方。一般毡圈与轴接触处的速度不应大于 4～5 m/s，如果轴经抛光，毡圈质量好，圆周速度可允许提高到 7～8 m/s。这种轴系结构一般在低、中转速下使用，可以承受中型载荷。

9. 大直齿轮轴系(二)

这种轴系结构使用了两个深沟球轴承作为轴的支承(如图附 4－9 所示)，优点：① 结构简单，加工及安装均方便；② 用轴承端盖与箱体间的垫片调整轴向间隙，调整方便。这种轴系结构常用接触式密封，使用双毡圈密封，结构简单，可提高密封效果，主要用于脂润滑、工作环境比较清洁的地方。一般毡圈与轴接触处的速度不应大于 4～5 m/s，如果轴经抛光，毡圈质量好，轴圆周速度可允许提高到 7～8 m/s。这种轴系结构一般在低、中转速下使用，可以承受轻型载荷。

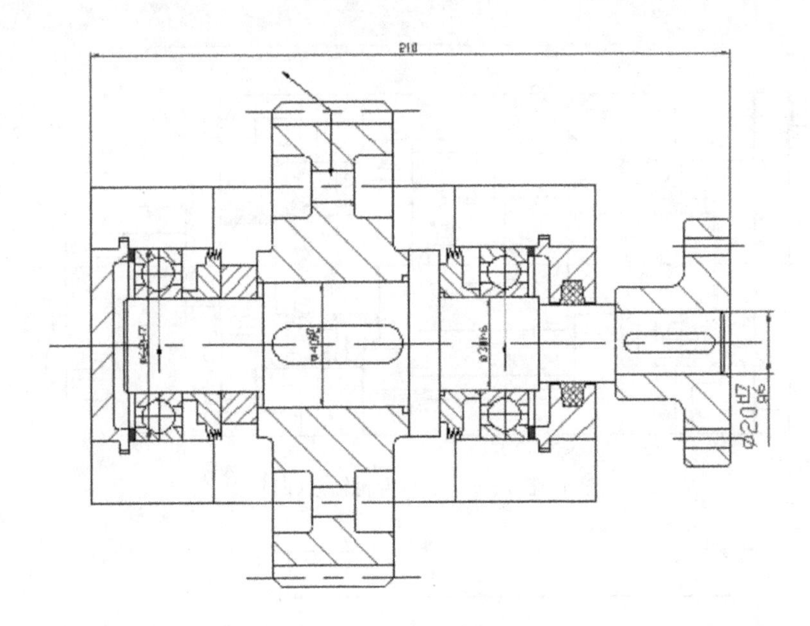

图附 4-8 大直齿轮轴系(一)

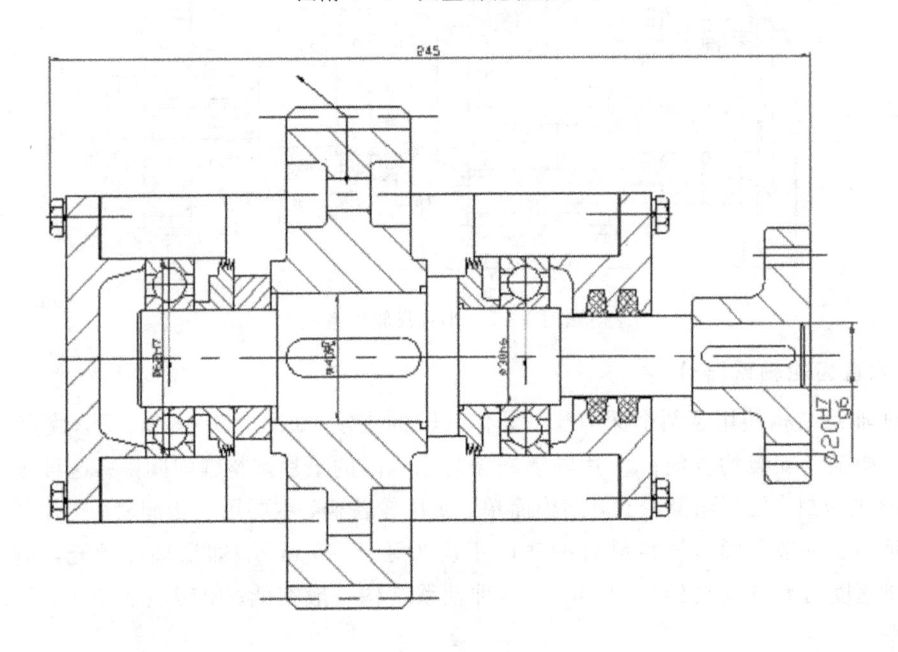

图附 4-9 大直齿轮轴系(二)

10. 蜗杆轴系(一)

在蜗杆减速器中，蜗杆的安装形式有两种，一种是上置式，另一种是下置式，图附 4-10 所示轴系结构属于下置式，一般说来蜗杆的圆周速度在 4～5 m/s，所承受的载荷比较轻。它使用了两个圆锥滚子轴承作为轴的支承，安装形式是脸对脸安装，优点：① 结构简单；② 用轴承端盖与箱体之间的垫片调整轴向间隙，调整方便。它的润滑方法是油浴润滑，这种润滑方法被广泛地用于低、中速轴承的润滑。这种轴系结构常用接触式密封，使用无外壳、无防尘圈的皮碗密封。轴承在用油润滑时，密封唇必须朝向要密封的介质，并且必须冷却，以防高热运行。不能与溅油环等串联。这种轴系结构一般在低、中转速下使用，可以承受轻型载荷。

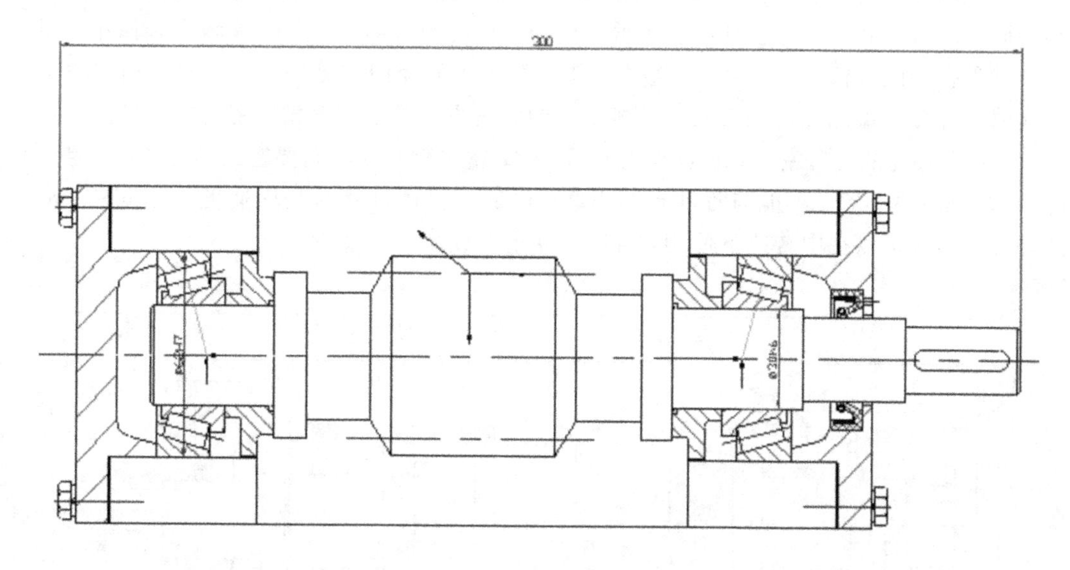

图附 4-10　蜗杆轴系(一)

11. 蜗杆轴系(二)

这种轴系结构属于上置式安装(如图附 4-11 所示)，一般来说蜗杆的圆周速度在＞5 m/s但＜10 m/s。它使用了两个圆锥滚子轴承作为轴的支承，轴承安装形式是背对背安装，优点：① 结构简单；② 用轴承端盖与箱体之间的垫片调整轴向间隙，调整方便。它的润滑方法是溅油润滑，密封方法是非常接触式密封，采用甩油环和密封套组合使用，靠甩油环旋转将油甩出进行密封，转速越高密封效果越好。这种轴系结构可以在中、高转速下使用，可以承受中型载荷。

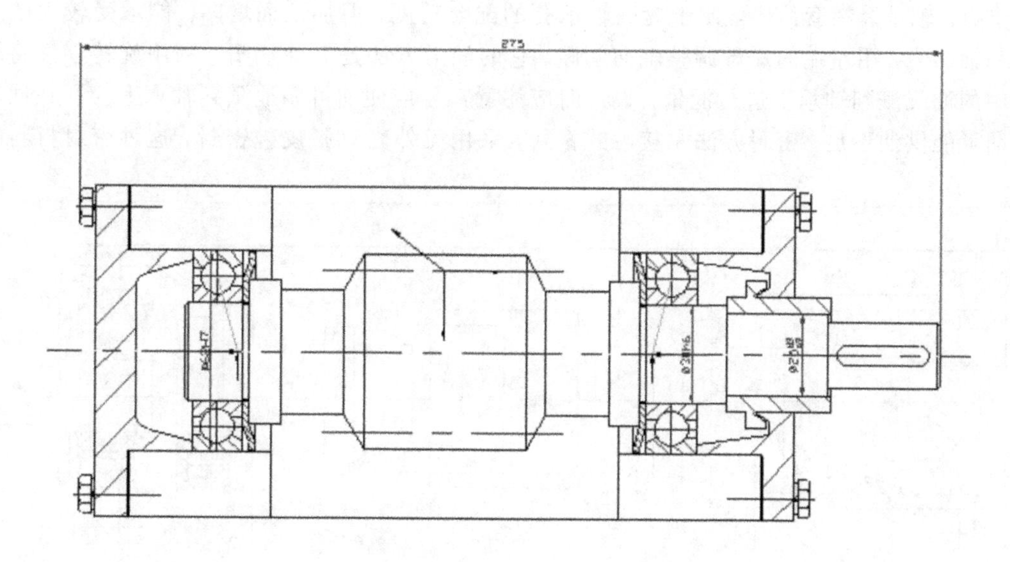

图附 4-11　蜗杆轴系(二)

12. 蜗杆轴系(三)

这种轴系结构属于下置式安装(如图附 4 - 12 所示)，蜗杆的圆周速度小于 5 m/s，左端为固定支点，用两个向心推力轴承承受向力，右端为游动支点。轴承装在套筒中，便于提高轴承孔的配合精度，但加工面增多。能承受较大的径向和轴向力，用轴承端盖与套筒之间的垫片和左端的螺母调整轴向间隙。它的润滑方法是油浴润滑，密封方法是接触式密封，采用有外壳的皮碗密封。轴承在用油润滑时，密封唇必须朝向要密封的介质，并且必须冷却，以防高热运行。不能与溅油环等串联。皮碗与轴接触处的圆周速度小于 6～7 m/s。这种轴系结构可以在中转速下使用，可以承受重型载荷。

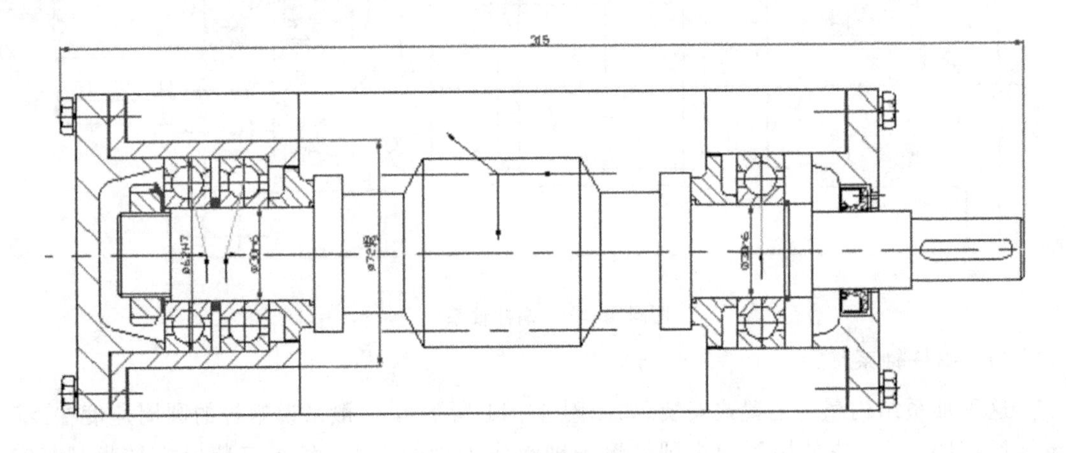

图附 4 - 12　蜗杆轴系(三)

13. 蜗杆轴系(四)

这种轴系结构属于上置式安装(如图附 4 - 13 所示)，蜗杆的圆周速度＞5 m/s 且＜10 m/s。左端为固定支点，用两个圆锥滚子轴承背对背安装，可承受轴向力，右端为游动支点。轴承装在套筒中，便于提高轴承孔的配合精度，但加工面增多。能承受较大的径向和轴向力，用左端的螺母调整轴向间隙。它的润滑方法是溅油润滑，利用旋转零件将油池中的油飞溅到轴承上进行润滑。设计时应注意：① 应使油可靠地溅到轴承上；② 在回转初期可能供油不足。密封方法是接触式密封，采用无外壳双唇皮碗密封，这种密封材料既

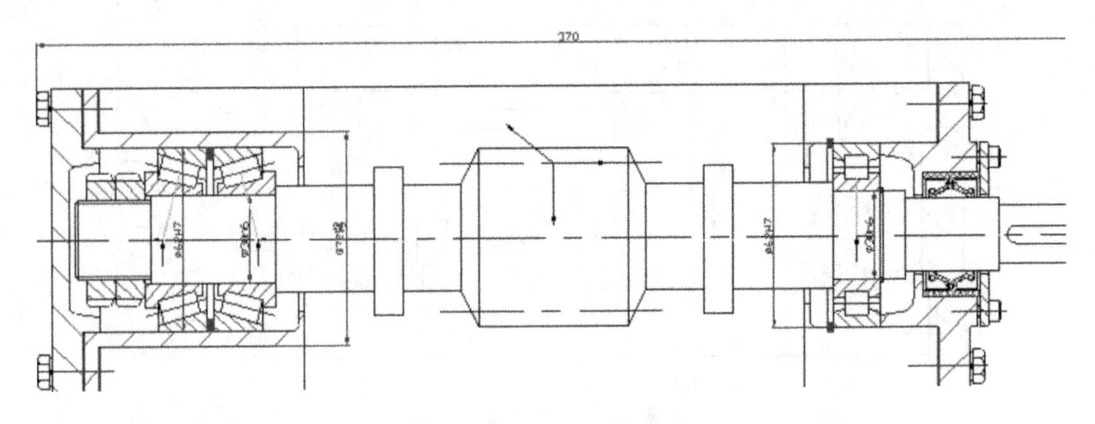

图附 4 - 13　蜗杆轴系(四)

可防尘又可防漏。轴承在用油润滑时，密封唇必须朝向要密封的介质，并且必须冷却，以防高热运行。不能与溅油环等串联。皮碗与轴接触处的圆周速度在高于大气压力时约为 8 m/s。这种轴系结构可以在中转速下使用，可以承受重型载荷。

14. 蜗杆轴系(五)

这种轴系结构属于下置式安装(如图附 4 - 14 所示)，蜗杆的圆周速度小于 5 m/s。左端为固定支点，右端为游动支点。用两个圆锥滚子轴承脸对脸安装，可承受轴向力。轴承装在套筒中，便于提高轴承孔的配合精度，但加工面增多。能承受较大的径向和轴向力，用轴承端盖与套筒之间的垫片和左端的螺母调整轴向间隙。它的润滑方法是油浴润滑，密封方法是接触式密封，采用无外壳、有防尘圈的皮碗密封，这种密封材料既可防尘又可防漏。轴承在用油润滑时，密封唇必须朝向要密封的介质，并且必须冷却，以防高热运行。不能与溅油环等串联。皮碗与轴接触处的圆周速度小于 6～7 m/s。这种轴系结构可以在中转速下使用，可以承受重型载荷。

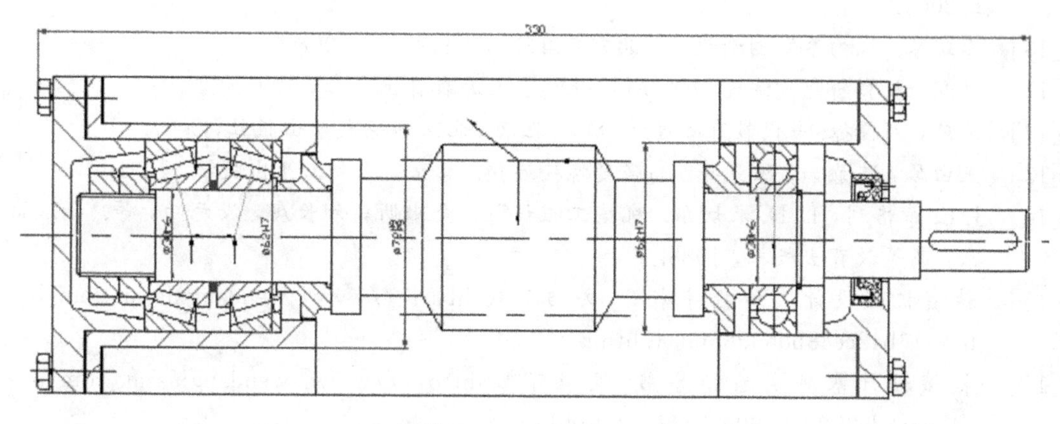

图附 4 - 14　蜗杆轴系(五)

参 考 文 献

[1] 沙玲，陆宁. 机械设计基础实验指导书. 北京：清华大学出版社，2009.

[2] 陆宁，樊江玲. 机械原理. 北京：清华大学出版社，2012.

[3] 郑文纬，吴克坚. 机械原理. 北京：高等教育出版社，1997.

[4] 邱宣怀. 机械设计. 北京：高等教育出版社. 2007.

[5] 林秀君，等. 机械设计基础实验指导书. 北京：清华大学出版社，2011.

[6] 周晓玲. 机械原理与机械设计实验指导书. 北京：化学工业出版社，2014.

[7] 朱聘和，等. 机械原理与机械设计实验指导. 杭州：浙江大学出版社，2010.

[8] 竺志超，等. 机械设计基础实验教程. 北京：科学出版社，2012.

[9] 吴波，等. 工程创新设计与实践教程：创新设计及机器人实践. 北京：电子工业出版社. 2009.

[10] 李瑞琴. 机构系统创新设计. 北京：国防工业出版社，2008.

[11] 叶澜. 教育研究方法论初探[M]. 上海：上海教育出版社，1991.

[12] 陈琦，刘儒德. 当代教育心理学[M]. 北京：北京师范大学出版社，2007.

[13] 王白琴，陈录如，陈先峰. 高强度螺栓连接. 北京：冶金工业出版社，1991.

[14] J. E. 希格利，L. D. 米切尔. 机械工程设计. 全永昕，余长庚，汝元功，等. 译. 北京：高等教育出版社，1988.

[15] 精密机械设计实验指导书 2_文档下载 http://www.wendangxiazai.com/b-b5a916b42cc58bd63086bd34.html

[16] 机械设计基础实验指导书_文档下载 http://www.wendangxiazai.com/b-61ae6a2de2bd960590c67747-3.html

[17] 赵成军. 机械设计基础实验指导书. 东北电力大学自编教材.

[18] 史维玉. 机械设计基础实验指导书. 杭州电子科技大学自编教材.